Heinz Herwig | Tammo Wenterodt

Entropie für Ingenieure

Heinz Herwig | Tammo Wenterodt

Entropie für Ingenieure

Erfolgreich das Entropie-Konzept
bei energietechnischen Fragestellungen anwenden

Mit 57 Abbildungen

PRAXIS

VIEWEG+
TEUBNER

Bibliografische Information der Deutschen Nationalbibliothek
Die Deutsche Nationalbibliothek verzeichnet diese Publikation in der
Deutschen Nationalbibliografie; detaillierte bibliografische Daten sind im Internet über
<http://dnb.d-nb.de> abrufbar.

1. Auflage 2012

Alle Rechte vorbehalten
© Vieweg+Teubner Verlag | Springer Fachmedien Wiesbaden GmbH 2012

Lektorat: Thomas Zipsner | Imke Zander

Vieweg+Teubner Verlag ist eine Marke von Springer Fachmedien.
Springer Fachmedien ist Teil der Fachverlagsgruppe Springer Science+Business Media.
www.viewegteubner.de

Umschlaggestaltung: KünkelLopka Medienentwicklung, Heidelberg
Gedruckt auf säurefreiem und chlorfrei gebleichtem Papier
Printed in Germany

ISBN 978-3-8348-1714-3

Vorwort

„Entropie für Ingenieure" ist sicherlich kein gewöhnliches Buch. Nach Ansicht der Autoren gibt es aber gute Gründe dafür, ein solches Buch mit dem zentralen Thema *Entropie* speziell für Ingenieure zu schreiben. Bei diesem Versuch, auch Ingenieure (und nicht nur Physiker oder Chemiker) für das Entropiekonzept zu „begeistern" geht es darum, den praktischen Nutzen einer Berücksichtigung der Entropie bei ingenieurtechnischen Fragestellungen deutlich zu machen.

Wir möchten zeigen, dass bestimmte Bewertungen technischer Vorgänge bzw. eine Optimierung von bestimmten energietechnischen Prozessen mit Hilfe der Entropie auf elegante Weise möglich ist - und manchmal auf die Entropie als zu berücksichtigende Größe auch nicht verzichtet werden kann. Der Aussage „Es geht auch ohne Entropie" können wir nur entgegensetzen „Aber mit Entropie geht es besser!" Aber sehen Sie selbst, liebe Leser ...

An diesem Buch haben viele mitgewirkt. Ein besonderer Dank geht an Bastian Schmandt, der uns mit einer Reihe von Beispielen unterstützt hat. Bei der Erstellung der druckfähigen Version haben Frau Hagemeier, Frau Jaeger und Frau Moldenhauer tatkräftig mitgeholfen. Der Verlag hat uns bei der Erstellung des Manuskripts stets mit Rat und Tat zur Seite gestanden, allen sei herzlich gedankt.

Hamburg, Oktober 2011

Heinz Herwig Tammo Wenterodt

Inhaltsverzeichnis

1 Themenbegrenzung 1

2 Annäherung an einen Begriff: Was ist Entropie? 3
  2.1 Die Bedeutung der Entropie in technischen Fragestellungen 4
  2.2 Energie, Arbeit, Wärme und Entropie 5
  2.3 Entropie: Eine Zustandsgröße in thermodynamischen Systemen .. 7
  2.4 Entropie: Ein Maß für den strukturellen Zustand eines Stoffes im
    System 8
  2.5 Entropieänderungen: Transport und Produktion 11
  2.6 Entropie und Umgebungszustand 12
  2.7 Entropie und Exergieverluste 15
  2.8 Entropieproduktion und Energieentwertung 15
  2.9 Entropie und Wärme 16
  2.10 Vermeintlich verwandte Begriffe zur Entropie 19
    2.10.1 Negentropie 19
    2.10.2 Entransie 19
    2.10.3 Enstrophie 20

3 Mathematische Beschreibung 21
  3.1 Gleichgewichts- und Nicht-Gleichgewichtssituationen .. 21
  3.2 Die Entropie-Bilanzgleichung 23
  3.3 Die Energie-Bilanzgleichung 28
    3.3.1 Weitere Überlegungen zur mechanischen Teilenergiegleichung 30
    3.3.2 Weitere Überlegungen zur thermischen Teilenergiegleichung 31

Hauptteil 35

A Entropie und konzeptionelle Überlegungen 35

4 Verluste in technischen Prozessen allgemein 37

5 Verluste in Strömungsprozessen 39
  5.1 Der Grenzfall verlustfreier Strömungen 39
  5.2 Die Bewertung verlustbehafteter Strömungen 42

6 Verluste bei der Wärmeübertragung 45
  6.1 Der Grenzfall verlustfreier Wärmeübertragung 45
  6.2 Die Bewertung verlustbehafteter Wärmeübertragung ... 48

6.3 Auswirkungen irreversibler Wärmeübertragung 58

B Entropie und die Bestimmung von Verlusten 63

7 Bestimmung von Verlusten in Strömungsprozessen 65
7.1 Verlust- und Widerstands-Beiwerte 65
    7.1.1 Durchströmungen 66
    7.1.2 Umströmungen 69
7.2 Bestimmung der Entropieproduktion in laminaren und turbulenten
    Strömungen 70
    7.2.1 Laminare Strömungen 72
    7.2.2 Turbulente Strömungen 84

8 Bestimmung von Verlusten bei der Wärmeübertragung 103
8.1 Wärmeübertragung durch reine Leitung 103
8.2 Konvektive Wärmeübertragung 105
    8.2.1 Verluste bei der konvektiven Wärmeübertragung 107
    8.2.2 Kopplung von Strömungs- und Temperaturfeldern 108
8.3 Wärmeübertragung mit Phasenwechsel 113
8.4 Wärmeübertragung durch Strahlung 121
    8.4.1 Wärmestrahlung und Photonengas 123
    8.4.2 Wärmestrahlung und Schwarzkörper-Strahlung 125
    8.4.3 Die Exergie der Strahlung 130
    8.4.4 Ausblick 135

C Entropie und die Bewertung und Optimierung von Prozessen 137

9 Bewertung von komplexen Gesamtprozessen 139

10 Bewertung von Einzelprozessen 145

11 Optimierung von Prozessen 151
11.1 Definition und Erläuterungen 151
    11.1.1 Prozess-Zielgröße(n) 151
    11.1.2 Prozess-Bedingungen 152
    11.1.3 Variation der freien Prozess-Parameter 152
11.2 Optimierungsstrategien 153
    11.2.1 Optimierung mit bis zu zwei freien Prozess-Parametern . . 153
    11.2.2 Optimierung mit mehreren freien Prozess-Parametern . . . 158

Literaturverzeichnis 163

Allgemeine Literatur zum 2. Hauptsatz der Thermodynamik 167

Index 168

Verzeichnis der Beispiele

1. Mikro- und Makrozustände eines Systems 10
2. Energiezufuhr in Form von Arbeit oder Wärme 16
3. Bestimmung des Exergieanteils u^E der spezifischen inneren Energie u 32
4. Bewertung einer Wärmeübertragung als Teil eines Kreisprozesses . . . 53
5. Entropieproduktion in einer Trennwand 54
6. Reversibler und irreversibler Wärmeübergang im Vergleich 61
7. Bestimmung der Reibungszahl einer ausgebildeten laminaren Kanalströmung mit glatten Wänden 74
8. Bestimmung der Reibungszahl einer ausgebildeten laminaren Kanalströmung mit rauen Wänden 76
9. Bestimmung des Verlust-Beiwertes eines laminar durchströmten 90°-
   Krümmers 80
10. Bestimmung der Reibungszahl einer ausgebildeten turbulenten Rohrströmung mit rauen Wänden 96
11. Bestimmung des Verlust-Beiwertes eines turbulent durchströmten
   90°-Krümmers 99
12. Entropieproduktion in einer Trennwand, vgl. Beispiel 5 104
13. Bestimmung der Entropieproduktion aus den Daten einer Direkten
   Numerischen Simulation (DNS) 109
14. Wärmeübergang mit Phasenwechsel / ein Argument für Dampfkraftwerke 115
15. Hohlraum- und Schwarzkörper-Strahlung als Idealisierung realen
   Strahlungsverhaltens 128
16. Energetische und exergetische Wirkungsgrade von Wärmekraftanlagen 141
17. Exergetische Bewertung des konvektiven Wärmeübergangs einer turbulenten Rohrströmung 146
18. Exergetische Bewertung des konvektiven Wärmeübergangs einer turbulenten Rohrströmung mit Wandrauheit 148
19. Optimierung einer Diffusorgeometrie mit zwei freien Parametern . . 154
20. Optimierung einer Diffusorgeometrie mit mehreren freien Parametern 159

Nomenklatur

Indizes, Sub- und Superskripte

$\square'$ Wert pro Länge

$\square'$ Wert in der flüssigen Phase

$\square'$ Schwankungsgröße

$\square''$ Wert pro Fläche

$\square''$ Wert in der Dampfphase

$\square'''$ Wert pro Volumen

$\square_1$ Wert im Querschnitt ①

$\square_{12}$ Änderung eines Wertes vom Querschnitt ① zum Querschnitt ②

$\square_2$ Wert im Querschnitt ②

$\square_A$ Wert im Teilsystem A

$\square_B$ Wert im Teilsystem B

$\square_U$ Wert der Umgebung bzw. im Umgebungszustand

$\square^A$ Anergieanteil

$\square^E$ Exergieanteil

$\Delta\square$ Differenz/Änderung eines Wertes

Variablen und Konstanten

A	Fläche	m^2
$\hat{A}$	Teilfläche, Übertragungsfläche	m^2
A_m	Querschnittsfläche	m^2
c	(querschnittsgemittelte) Geschwindigkeit	m/s
c_p	spezifische isobare Wärmekapazität	$J/kg\,K$
c_W	Widerstands-Beiwert	-
D	Durchmesser	m

D_h	hydraulischer Durchmesser	m
E	Energie	J
$\dot{E}$	Energiestrom, Leistung	W
E^A	Anergieanteil der Energie	J
E^E	Exergieanteil der Energie	J
E^E_V	Exergieverlust	J
$\vec{g}$	Gravitationsvektor $(\vec{g} = (g_x, g_y, g_z); |\vec{g}| = g)$	m/s^2
h	spezifische Enthalpie	J/kg
h	charakteristische Länge der Rauheitselemente	m
H	halbe Kanalhöhe	m
Δh_V	spezifische Verdampfungsenthalpie	J/kg
k	turbulente kinetische Energie	m^2/s^2
k_S	Sandrauheit	m
K	relative Rauheit	-
K_S	relative Sandrauheit	-
L	charakteristische Abmessung	m
L_c	charakteristische Länge	m
L_N	Länge des Nachlaufs	m
$\hat{L}_\mathrm{N}$	Bereich des Nachlaufs in dem 95 % von $\dot{S}_\mathrm{N} - \dot{S}_\mathrm{N,0}$ auftritt	m
L_V	Länge des Vorlaufs	m
$\hat{L}_\mathrm{V}$	Bereich des Vorlaufs in dem 95 % von $\dot{S}_\mathrm{V} - \dot{S}_\mathrm{V,0}$ auftritt	m
m	Masse	kg
$\dot{m}$	Massenstrom	kg/s
Nu	Nußelt-Zahl	-
p	Druck	Pa
p_U	Umgebungsdruck	Pa
P	normierter Prozess-Parameter	-
P_el	elektrische Leistung	W
P_mech	mechanische Leistung	W
q	spezifischer Wärmestrom	J/kg
$\vec{q}$	Wärmestromdichtevektor $(\vec{q} = (\dot{q}_x, \dot{q}_y, \dot{q}_z))$	W/m^2

$\dot{q}_{\mathrm{Sab}}$	abgehende Strahlungsstromdichte	W/m^2
$\dot{q}_{\mathrm{Szu}}$	zugehende Strahlungsstromdichte	W/m^2
$\dot{q}_{\mathrm{W}}$	Wandwärmestromdichte	W/m^2
$\dot{q}_x$	Wärmestromdichte in x-Richtung	W/m^2
$\dot{q}_y$	Wärmestromdichte in y-Richtung	W/m^2
$\dot{q}_z$	Wärmestromdichte in z-Richtung	W/m^2
Q	in Form von Wärme übertragene Energie	J
$\dot{Q}$	in Form von Wärme übertragener Energiestrom (Wärmestrom)	W
$\dot{Q}_{\mathrm{W}}$	Wandwärmestrom	W
$\dot{Q}^{\mathrm{E}}$	Exergieanteil eines Wärmestroms	W
R	Radius	m
Re	Reynolds-Zahl	-
Re$_{\mathrm{Dh}}$	Reynolds-Zahl gebildet mit dem hydraulischen Durchmesser D_{h}	-
s	spezifische Entropie	J/kg K
$\dot{s}_{\mathrm{irr}}$	Entropieproduktionsdichte	W/m^2 K
$\dot{s}_{\mathrm{Sab}}$	abgehende Entropiestromdichte	W/m^2 K
$\dot{s}_{\mathrm{Szu}}$	zugehende Entropiestromdichte	W/m^2 K
s_{U}	spezifische Entropie im Umgebungszustand	J/kg K
s^{H}	volumenspezifische Entropie der Hohlraumstrahlung	J/m^3 K
S	Entropie	J/K
$\dot{S}$	Entropieproduktionsrate	W/K
$\dot{S}'$	Entropieproduktion pro Lauflänge	W/m K
$\dot{S}_{\mathrm{D}}$	Entropieproduktion auf Grund von Dissipation	W/K
$\dot{S}'_{\mathrm{D}}$	querschnittsgemittelte Entropieproduktionsrate aufgrund von Dissipation	W/m K
$\dot{S}'''_{\mathrm{D}}$	lokale Entropieproduktion auf Grund von Dissipation	W/m^3 K
$\dot{S}'''_{\overline{\mathrm{D}}}$	lokale Entropieproduktion aufgrund von direkter Dissipation	W/m^3 K
$\dot{S}'''_{\mathrm{D}'}$	lokale Entropieproduktion aufgrund von indirekter (turbulenter) Dissipation	W/m^3 K

$\dot{S}_{\mathrm{K}}$	Entropieproduktionsrate im Krümmer	W/K
$\dot{S}_{\mathrm{N}}$	Entropieproduktionsrate im Nachlauf	W/K
S_{pro}	Entropieproduktion	J/K
$\dot{S}_{\mathrm{pro}}$	Entropieproduktionsrate	W/K
$\dot{S}_{\mathrm{Q}}$	mit einem Wärmestrom übertragener Entropiestrom	W/K
$\dot{S}_{\mathrm{V}}$	Entropieproduktionsrate im Vorlauf	W/K
$\dot{S}_{\mathrm{WL}}$	Entropieproduktionsrate aufgrund von Wärmeleitung	W/K
$\dot{S}'_{\mathrm{WL}}$	Entropieproduktionsrate aufgrund von Wärmeleitung pro Länge	W/m K
$\dot{S}'''_{\mathrm{WL}}$	lokale Entropieproduktion auf Grund von Wärmeleitung	W/m^3 K
$\dot{S}'''_{\overline{\mathrm{WL}}}$	lokale Entropieproduktion aufgrund von direkter Wärmeleitung	W/m^3 K
$\dot{S}'''_{\mathrm{WL}'}$	lokale Entropieproduktion aufgrund von indirekter (turbulenter) Wärmeleitung	W/m^3 K
$\mathrm{d}S$	Entropieänderung	J/K
$\mathrm{d}_{\mathrm{pro}}S$	Entropieproduktion	J/K
$\mathrm{d}_{\mathrm{pro}}\dot{S}$	Entropieproduktionsrate	W/K
$\mathrm{d}_{\mathrm{trans}}S$	Entropieänderung aufgrund von Transportprozessen	J/K
$\mathrm{d}_{\mathrm{trans}}\dot{S}$	Entropieänderungsrate aufgrund von Transportprozessen	W/K
$\mathrm{d}_{\dot{Q}_{\mathrm{irr}}}\dot{S}$	Entropieänderungsrate aufgrund eines irreversibel übertragenen Wärmestroms	J/K
$\mathrm{d}_{\dot{Q}_{\mathrm{rev}}}\dot{S}$	Entropieänderungsrate aufgrund eines reversibel übertragenen Wärmestroms	J/K
t	Zeit	s
T	Temperatur	K
$\overline{T}$	zeitlicher Mittelwert der Temperatur	K
T'	Schwankung der Temperatur	K
T_{m}	kalorische Mitteltemperatur	K
T_{m}	thermodynamische Mitteltemperatur	K
T_{SG}	Temperatur an der Systemgrenze	K
T_{U}	Umgebungstemperatur	K
T_{W}	Wandtemperatur	K

T_∞	Temperatur in weiter Entfernung von der Systemgrenze	K
ΔT	(treibende) Temperaturdifferenz	K
u	spezifische innere Energie	J/kg
u	Geschwindigkeit in x-Richtung	m/s
$\bar{u}$	zeitlicher Mittelwert der Geschwindigkeit in x-Richtung	m/s
u'	zeitliche Schwankung der Geschwindigkeit in x-Richtung	m/s
u_c	charakteristische Geschwindigkeit	m/s
u_U	spezifische innere Energie im Umgebungszustand	J/kg
u^E	Exergieanteil der spezifischen inneren Energie	J/kg
u^H	volumenspezifische innere Energie des Hohlraum-Volumens	J/m^3
U	innere Energie	J
v	Geschwindigkeit in y-Richtung	m/s
v	spezifisches Volumen	m^3/kg
$\bar{v}$	zeitlicher Mittelwert der Geschwindigkeit in y-Richtung	m/s
v'	zeitliche Schwankung der Geschwindigkeit in y-Richtung	m/s
$\vec{v}$	Geschwindigkeitsvektor ($\vec{v} = (u, v, w)$)	m/s
v_U	spezifisches Volumen im Umgebungszustand	m^3/kg
V	Volumen	m^3
w	Geschwindigkeit in z-Richtung	m/s
$\bar{w}$	zeitlicher Mittelwert der Geschwindigkeit in z-Richtung	m/s
w'	zeitliche Schwankung der Geschwindigkeit in z-Richtung	m/s
w_t	spezifische technische Arbeit	J/kg
x	kartesische Koordinate (oft in Längenrichtung)	m
y	kartesische Koordinate (oft in Breitenrichtung)	m
z	kartesische Koordinate (oft in Höhenrichtung)	m

Griechische Buchstaben

α	Wärmeübergangskoeffizient	W/m^2 K
ε	Dissipation turbulenter kinetischer Energie	m^2/s^3

ζ	Verlust-Beiwert	-
ζ	exergetischer Wirkungsgrad	-
ζ^{E}	Exergieverlust-Beiwert	-
η	energetischer Wirkungsgrad	-
η	molekulare (dynamische) Viskosität	$kg/m\,s$
λ	molekulare Wärmeleitfähigkeit	$W/m\,K$
λ	Wellenlänge	m
λ_{R}	Reibungszahl	-
ν	kinematische Viskosität	m^2/s
ϱ	Dichte	kg/m^3
$\vec{\vec{\tau}}$	viskoser Spannungstensor	$kg/m\,s^2$
φ	spezifische Dissipation	J/kg
$\vec{\omega}$	Drehungsvektor	$1/s$
Φ	lokale Dissipation	W/m^3

1 Themenbegrenzung

Entropie für Ingenieure: dahinter verbirgt sich der Versuch bzw. die Hoffnung, dass Ingenieure - gewöhnt an pragmatisches Denken und Handeln - davon überzeugt werden können, auch die Entropie bei der Lösung technischer Probleme zu berücksichtigen. Dies kann nur gelingen, wenn praktische Gesichtspunkte im Vordergrund stehen und allzu abstrakte Ausführungen unterbleiben. Trotzdem verbleibt ein hoher Anspruch an die Bereitschaft und die Fähigkeit des Lesers bestehen, sich auf neue und vergleichsweise abstrakte Herangehensweisen an ein Problem einzulassen.

Entropie für Ingenieure beschreibt eine Einschränkung, ohne damit bereits präzise zu sein. Das im vorliegenden Buch verfolgte Konzept stellt gewollt und auch notwendigerweise eine starke Beschränkung gegenüber einem auch denkbaren Versuch dar, alle Aspekte der Entropie umfassend darzustellen. Die wesentlichen Einschränkungen und Themenbegrenzungen sind:

- *Die möglichst anschauliche Darstellung der Entropie bzw. aller damit verbundenen physikalischen Aussagen.* Dabei werden bestimmte Aspekte mit anschaulichen Begriffen erläutert, wie z.B. „Energieentwertung" und „Arbeitsfähigkeit eines Systems". In diesem Sinne wird bisweilen bewusst von einer thermodynamisch präzisen aber u.U. unanschaulichen und abstrakten Darstellung abgewichen.

- *Die Fokussierung auf Strömungs- und Wärmeübertragungsprozesse.* Damit werden physikalische Situationen behandelt, die vor allem im Zusammenhang mit der Energiewandlung aber auch der Heizung, Kühlung oder allgemein der Klimatisierung auftreten. Etwas verallgemeinert sind „energietechnische Prozesse" bzw. „Strömungsprozesse mit Energieumsatz" gemeint.

  Damit werden z.B. Prozesse ausgeschlossen, in denen die chemischen oder biologischen Vorgänge oder die Mischung verschiedener Komponenten die wesentlichen Aspekte sind.

Insgesamt geht es im vorliegenden Buch darum, das physikalische Konzept zu vermitteln, das sich hinter der Größe Entropie verbirgt. Dies soll auch durch die Verwendung des Begriffes „Entropie-Konzept" im Untertitel dieses Buches zum Ausdruck kommen.

2 Annäherung an einen Begriff: Was ist Entropie?

Was liegt näher, als im vorliegenden Zusammenhang zu fragen „Was ist Entropie?" Ingenieure sind es gewöhnt, solcherart direkte und vermeintlich zielführende Fragen zu stellen. Sie erwarten dann Antworten der Art „Entropie ist ...". Wenn nun dieses ... ein bestimmter Begriff oder einfacher Sachverhalt wäre, so würde „Entropie" nur ein anderes Wort für einen bereits bekannten und klar umrissenen Sachverhalt sein. Dies ist aber nicht der Fall, weil sich hinter dem Begriff *Entropie* vielmehr ein physikalisches Konzept mit sehr vielen Facetten verbirgt, das nicht in einen anderen Begriff „übersetzt", sondern nur in seiner Breite und Bedeutung in den unterschiedlichsten physikalischen Situationen erklärt werden kann. Diese Erklärung, bzw. die Aufnahme dessen, was im Zusammenhang mit der Entropie vermittelt werden kann und muss, ist ein Prozess, genauer ein *Lernprozess.*

In diesem Lernprozess geht es nicht darum, eine neue Vokabel zu lernen, sondern ein physikalisches Konzept sowie das dahinter stehende Prinzip zu verstehen und damit zu verinnerlichen. Solche Lernprozesse sind wir durchaus gewöhnt, weil wir z.B. mit dem Begriff der *Energie* auch erst nach einem langen Prozess des Umgangs mit diesem Begriff eine bestimmte Vorstellung damit verbinden. Nur, dieser Lernprozess hat im Falle der *Energie* sehr früh begonnen, weil er offensichtlich anders als dies bei der Entropie der Fall ist, einen Begriff betrifft, der für die unmittelbare Bewältigung unseres Alltags unerlässlich ist. Zumindest im Alltag kommen wir aber offensichtlich gut ohne den Entropie-Begriff zurecht. Dies heißt nicht, dass er überflüssig ist, sondern zunächst nur, dass er quasi als ein „Begriff höherer Ordnung" erst gebraucht wird, wenn bestimmte spezielle Aspekte ins Spiel kommen, die erst bei einer gründlichen Durchdringung eines physikalischen Problems auftreten. In diesem Sinne ist der Energie-Begriff erforderlich, wenn wir z.B. verstehen wollen, wie elektrische Energie gewonnen werden kann, der Entropie-Begriff kommt ins Spiel, wenn wir verstehen wollen, warum man verschiedene Energieformen nicht beliebig ineinander umwandeln kann.

Die vorhergehenden Ausführungen machen deutlich, dass folgende Aussage, die in Bezug auf die Entropie bisweilen getroffen wird, absolut nicht zutrifft: „Versuchen Sie nicht, sich eine Vorstellung von der Größe Entropie zu machen, denn jede Vorstellung, die Sie davon haben, ist mit Sicherheit falsch". Das klingt vermeintlich gut, geht aber vollständig am eigentlichen Problem vorbei! Ganz im Gegenteil geht es darum, sich das Verständnis für die Größe Entropie in einem gründlichen Lernprozess so anzueignen, dass es sinnvoll eingesetzt werden kann, um die physikalischen Aussagen nutzen zu können, die mit der Entropie in einer bestimmten physikalischen Situation verbunden sind, s. dazu auch Herwig (2000, 2010).

2.1 Die Bedeutung der Entropie in technischen Fragestellungen

Ohne an dieser Stelle bereits auf konkrete Fragestellungen einzugehen, können ganz allgemein drei Felder ausgemacht werden, in denen mit Hilfe der Entropie wichtige und physikalisch weitreichende Aussagen möglich sind, die auf anderem Wege nur ansatzweise gewonnen werden könnten. Diese drei Felder werden in den nachfolgenden Ausführungen in jeweils eigenen Abschnitten abgehandelt und machen den Hauptteil des vorliegenden Buches aus. Sie sollen an dieser Stelle mit einer jeweiligen Kurzbezeichnung benannt werden:

- **Entropie und konzeptionelle Überlegungen** (Teil A, S. 37)
  Dies bezieht sich darauf, dass unter Berücksichtigung der Entropie zunächst idealisierte (z.B. reversible) Prozesse identifiziert bzw. entworfen werden können. Anschließend ist es dann möglich, reale Prozesse in Relation zu diesen idealisierten Prozessen einzuordnen und zu bewerten.

- **Entropie und die Bestimmung von Verlusten** (Teil B, S. 65)
  Mit Hilfe der Entropie können „Verluste" in Prozessen unterschiedlichster Art zunächst eindeutig identifiziert und anschließend in konkreten Prozessen auch bestimmt werden. Dies geschieht in der Regel auf der Basis einer genauen numerischen Berechnung der Prozesse. Im Rahmen solcher CFD-Lösungen (CFD: Computational Fluid Dynamics) gelingt es, die Produktion von Entropie entweder durch die Integration lokaler Werte oder durch eine entsprechende globale Bilanz zu bestimmen, und anschließend daraus Aussagen über die „Verluste" abzuleiten.

- **Entropie und die Bewertung und Optimierung von Prozessen** (Teil C, S. 139)
  Bei dem Versuch, technische Prozesse zu verbessern, tritt häufig die Situation auf, dass die dafür vorgesehenen Maßnahmen mit „Nebenwirkungen" behaftet sind, d.h. dass bestimmte Teilaspekte des Gesamtprozesses wie beabsichtigt verbessert werden, gleichzeitig aber auch andere, unbeabsichtigte Nebeneffekte auftreten, die sich auf den Gesamtprozess u.U. negativ auswirken. Dann muss entschieden werden, ob sich die Maßnahme insgesamt „lohnt". Dies setzt aber voraus, dass sowohl die Teilprozesse als auch der Gesamtprozess nach sinnvoll definierten Kriterien bewertet werden können. Mit Hilfe der Entropie können in diesem Zusammenhang aussagekräftige Bewertungskriterien entwickelt werden.

  Diese Bewertungskriterien können dann auch dazu verwendet werden, die betrachteten Prozesse bzgl. der damit beschriebenen Aspekte zu optimieren.

2.2 Energie, Arbeit, Wärme und Entropie

Technische Prozesse laufen in räumlich begrenzten Gebieten ab, die sinnvoll im Sinne von Kontrollräumen gegenüber der Umgebung oder anderen (Teil-) Systemen abgegrenzt werden können. Bezüglich dieser Kontrollräume können dann Bilanzen der Masse, der Energie usw. aufgestellt werden, mit denen es möglich ist, den Zustand des Systems wie auch seine Veränderungen zu beschreiben.

Dabei muss in einer thermodynamischen Betrachtung technischer Prozesse grundsätzlich und sorgfältig nach sog. *Zustandsgrößen* und *Prozessgrößen* unterschieden werden. Die Namen sind durchaus passend gewählt:

- *Zustandsgrößen* dienen der Charakterisierung des Systemzustandes nach den unterschiedlichen physikalischen Aspekten. Dazu zählen z.B. der Druck, die Temperatur, die Energie und das spezifische Volumen.

- *Prozessgrößen* dienen der Charakterisierung von Änderungen des Systemzustandes aufgrund verschiedener physikalischer Möglichkeiten, solche Veränderungen herbeizuführen. Dazu zählen z.B. die Veränderung des spezifischen Volumens durch die Leistung von Volumenänderungsarbeit, aber auch die Veränderung der Temperatur durch eine Wärmeübertragung.

Eine zentrale Bilanz energietechnischer Prozesse ist die Energiebilanz auf der Basis des ersten Hauptsatzes der Thermodynamik. Dieser besagt, dass die sog. thermodynamische Gesamtenergie (als Summe aus mechanischer und thermischer Teilenergie, s. dazu das spätere Kap. 3.3) eine Erhaltungsgröße darstellt, also weder erzeugt noch vernichtet werden kann[1].

Bezogen auf ein thermodynamisches System, das durch seine Kontrollraumgrenzen gegenüber der Umgebung (oder einem anderen System) abgegrenzt ist, ergibt sich die in Abb. 2.1 skizzierte Situation.

Im Sinne von Zustandsgrößen gibt es verschiedene Energieformen, die alternativ oder gleichzeitig im System vorliegen können. Im Rahmen der hier behandelten energietechnischen Prozesse sind dies die innere, die kinetische und die potentielle Energie, s. Abb. 2.1.

Im Sinne von Prozessgrößen gibt es drei verschiedene Formen des Energietransportes über die Systemgrenze, die in Abb. 2.1 durch entsprechende Pfeile gekennzeichnet sind. Im Einzelnen sind dies:

- Ein konvektiver Transport von Energie; dieser liegt vor, wenn Materie über die Systemgrenze fließt, weil diese z.B. innere Energie besitzt, die dann „mittransportiert" wird.

- Ein Energietransport in Form von Wärme; dieser tritt auf, wenn Temperaturunterschiede zwischen dem System und der angrenzenden Umgebung

---

[1]Diese Aussage kann weder bewiesen noch aus einem übergeordneten Satz abgeleitet werden, sondern gilt (im Rahmen der klassischen Mechanik) bis er durch ein Gegenbeispiel widerlegt wird – was bis heute nicht „gelungen" ist.

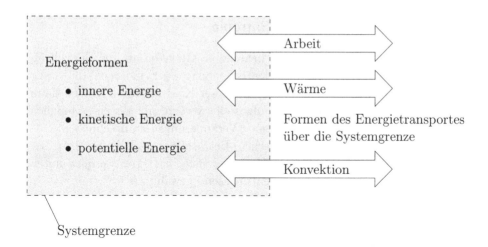

Abbildung 2.1: Energieformen und Formen des Energietransportes über die Sys-
          temgrenze (Kontrollraumgrenze)

bestehen (und die Systemgrenze nicht thermisch isoliert, also nicht adiabat,
ist).

- Ein Energietransport in Form von Arbeit; dieser tritt auf, wenn mechanische oder elektrische Effekte im System zu einer Veränderung der darin
  gespeicherten Energie führen.

Eine wichtige Frage ist nun, wie sich die Entropie, die selbst eine Zustandsgröße
ist, in diesem Zusammenhang verhält. Dazu wird in Abb. 2.2 das Schema aus
Abb. 2.1 auf die Entropie angewandt. Dies stellt zwar einen Vorgriff auf Details
im Zusammenhang mit der Entropie dar, die erst im Folgenden genauer erläutert werden, gibt aber vielleicht doch schon ein gewisses „Gefühl" für die Größe
Entropie.

Es ist sehr aufschlussreich, sich den Charakter der beiden physikalischen Größen Energie und Entropie durch die Betrachtung ihrer gemeinsamen und ihrer
unterschiedlichen Eigenschaften zu vergegenwärtigen:

- Beide Größen sind (thermodynamische) Zustandsgrößen und werden damit
  über die Systemgrenze transportiert, wenn dort ein Transport von Materie
  vorliegt.

- Während Energie im System in verschiedenen Formen auftreten kann, gibt
  es nur eine Form von Entropie.

- Während die Energie eine Erhaltungsgröße ist, kann Entropie im System
  erzeugt (aber nicht vernichtet) werden.

- Während ein Energietransport in Form von Wärme gleichzeitig auch einen
  Transport von Entropie bedeutet, ist dies bei einem Energietransport in

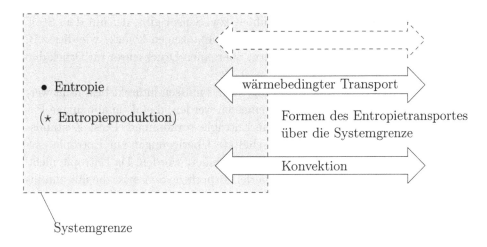

Abbildung 2.2: Entropie, ihre Produktion und Formen des Entropietransportes über die Systemgrenze

Form von Arbeit nicht der Fall; diese Form stellt damit einen „entropielosen" Energietransport dar.

2.3 Entropie: Eine Zustandsgröße in thermodynamischen Systemen

Thermodynamische Systeme werden von materiellen Stoffen gebildet, deren Zustände durch stoffspezifische sog. *Zustandsgleichungen* als Funktion sinnvoll gewählter, unabhängiger Parameter beschrieben werden.

Eine der Zustandsgrößen materieller Stoffe und damit auch von Systemen, die von diesen Stoffen gebildet werden, ist die *Entropie*.

Definition: Entropie S

Jeder materielle Stoff besitzt eine extensive, d.h. zu seiner Masse proportionale, Zustandsgröße Entropie S. Die Einheit der Entropie ist J/K. Konkrete Zahlenwerte der Entropie folgen entweder aus der Entropie-Zustandsgleichung des Stoffes oder aus seiner Fundamentalgleichung.

Damit ist ein Stoff bzw. ein aus diesem Stoff gebildetes System in seinem Zustand durch seine Entropie S genauso bzgl. einiger Teilaspekte charakterisiert, wie dies durch weitere Zustandsgrößen, wie z.B. den Druck p, die Temperatur T oder das spezifische Volumen v der Fall ist. Die entscheidende Frage ist nun, welche Teilaspekte durch die Entropie beschrieben werden, weil dies unmittelbar zum Verständnis dieser Größe beiträgt.

Bevor dies näher erörtert wird, soll erläutert werden, dass die Größe Entropie einen anderen Charakter besitzt als die übrigen Zustandsgrößen. Dies wird schon daran deutlich, dass es keine Möglichkeit gibt, die Entropie S direkt zu messen.

Damit ist gemeint, dass es keinen Messfühler bzw. Sensor gibt, der mit dem Stoff in Kontakt gebracht, unmittelbar dessen Entropie anzeigen könnte, wie dies z.B. bei einem Thermometer für die Temperatur oder einen Drucksensor für Druck der Fall ist.

Konkrete Zahlenwerte der Entropie eines Stoffes müssen indirekt bestimmt werden, indem diejenigen Zustandsgrößen gemessen werden, die als unabhängige Parameter in der Zustandsgleichung für die Entropie vorkommen. Diese Zustandsgleichungen wiederum sind durch vorgeschaltete Überlegungen zur Entropie entwickelt und als Funktion messbarer Größen formuliert worden. Da Entropie nicht direkt messbar ist, besitzen wir auch keinerlei körperliche Sensorik, die uns zumindest ansatzweise ein „Gefühl" für die Größe Entropie vermitteln könnte, wiederum anders als dies bzgl. des Druckes und der Temperatur der Fall ist.

Damit besitzt die Entropie den Charakter einer eher abstrakten Größe, was letztlich aber nur Ausdruck der zuvor beschriebenen Tatsache ist, dass wir Entropie nicht direkt messen oder „fühlen" können.

2.4 Entropie: Ein Maß für den strukturellen Zustand eines Stoffes im System

Als eine von mehreren Zustandsgrößen eines Systems charakterisiert die Entropie dieses bzgl. bestimmter Teilaspekte.

Die entscheidende Aussage der Entropie zum Systemzustand ist eine quantitative Beschreibung des „Ordnungszustandes" in dem Sinne, dass verschiedene Ordnungszustände in eine bestimmte, durch die Entropie festgelegte Reihenfolge gebracht werden können. Dabei ist der Ordnungszustand eines Stoffes bzw. Systems zunächst noch nicht definiert. An dieser Stelle ist es ausreichend und hilfreich, ihn zunächst nur qualitativ mit der Wahrscheinlichkeit seines Auftretens in Verbindung zu bringen. Da ein Stoff bzw. System aus einzelnen Elementen (Atomen, Molekülen) besteht, entspricht deren Anordnung zueinander einem bestimmten Ordnungszustand. Die Wahrscheinlichkeit von Ordnungszuständen kommt ins Spiel, weil unterschiedliche konkrete Realisierungen (sog. Mikrozustände) ein und demselben Ordnungszustand (einem sog. Makrozustand) entsprechen können. Ein bestimmter Ordnungszustand (Makrozustand) ist damit umso wahrscheinlicher, je mehr unterschiedliche Realisierungen (Mikrozustände) ihm entsprechen. Diese Zusammenhänge werden wesentlich durch die Größe Entropie erfasst, so dass die Entropie als eine „strukturbeschreibende Größe" bezeichnet werden kann.

Der zuvor skizzierte Zusammenhang von konkreten Realisierungen, Wahrscheinlichkeiten von Ordnungszuständen und Entropie könnte vermuten lassen, dass damit eine konkrete, anwendbare „Zählvorschrift" eingeführt wird, die letztlich auf Zahlenwerte von S führt. Dies kann deshalb nicht der Fall sein, weil die Anzahl von Molekülen in einem realen System so unvorstellbar groß ist, dass sich jegliche Anwendung einer Zählvorschrift verbietet. Genau deshalb wird die makroskopische Größe Entropie eingeführt, die ein Äquivalent für Strukturaussagen auf der

Ebene der einzelnen Elementarteilchen-Anordnungen darstellt. Es bleibt aber der prinzipielle Zusammenhang zwischen Mikro- und Makrozuständen, der im nachfolgenden Beispiel 1 für eine sehr kleine Anzahl von Elementarteilchen erläutert wird.

Damit kann zunächst festgehalten werden, dass mit der Entropie S eine physikalische Größe existiert, die ein Maß für den „Strukturierungszustand" eines Stoffes im Sinne des oben skizzierten Ordnungszustandes darstellt.

Vor dem Hintergrund unterschiedlicher Wahrscheinlichkeiten von bestimmten Ordnungszuständen liegt es nahe, Überlegungen zur Erreichbarkeit bestimmter Zustände, bzw. wiederum der Wahrscheinlichkeiten davon, anzustellen. Dies hat auf der Ebene der Entropie zur Folge, dass weniger ihr Absolutwert interessiert, als Veränderungen der Entropie bis hin zu Aussagen, dass bestimmte Veränderungen nicht möglich sind, weil Stoffe bzw. Systeme unter bestimmten Bedingungen nur wahrscheinlichere Zustände erreichen können.

Weiterführende Betrachtungen führen auf einen mathematisch formulierbaren Zusammenhang zwischen der Entropie S und der Wahrscheinlichkeit W eines bestimmten Systemzustandes. Er lautet

$$S = k \ln W \qquad (2.1)$$

mit k als der sog. *Boltzmann-Konstanten* $k = 1{,}381 \times 10^{-23}\,\mathrm{J/K}$, die in vielen physikalischen Gesetzmäßigkeiten auftritt. Sie ist so eng mit dem Physiker Ludwig Boltzmann (1844-1906) verbunden, dass Gleichung (2.1) als $S = k \log W$ sogar auf seinem Grabstein zu finden ist, wie Abbildung 2.3 zeigt.

Abbildung 2.3: Grabstein von Ludwig Boltzmann auf dem Wiener Zentralfriedhof; Quelle: B. Schmandt

Wenn die Entropie als „normale" Zustandsgröße behandelt wird, so ist der zuvor skizzierte Zusammenhang zum Ordnungszustand eines betrachteten Systems nicht mehr unmittelbar erkennbar, er bleibt aber der Teilaspekt in der Charakterisierung eines Stoffes bzw. eines Systems, der durch die Variable Entropie S abgedeckt wird. Es sollte deshalb auch nicht verwundern, dass die Entropie

- eine entscheidende Rolle bei der generellen Charakterisierung von *Prozessen* spielt, bei denen letztlich immer der Ordnungszustand in einem System verändert wird,

- im Zusammenhang mit der Frage auftaucht, wann ein *thermodynamischer Gleichgewichtszustand* erreicht ist, der unmittelbar mit dem Ordnungszustand eines Systems zu tun hat.

Stets ist die Entropie das makroskopische Äquivalent einer Betrachtungsweise, die ein System in ihren molekularen Bestandteilen analysieren müsste, um daraus auf seinen Ordnungszustand zu schließen, der eine wichtige physikalische Eigenschaft darstellt.

Beispiel 1: Mikro- und Makrozustände eines Systems

In diesem Beispiel wird gezeigt, wie aus einfachen Überlegungen zur Verteilung von Molekülen in einem System Aussagen zu seiner Entropie abgeleitet werden können.

Zur Erläuterung des Zusammenhanges von Mikro- und Makrozuständen soll ein System betrachtet werden, das aus zwei räumlich benachbarten Hälften besteht und in dem sich zwei Moleküle eines Stoffes befinden. Diese Moleküle sind einzeln identifizierbar und sollen durch die Symbole $\bigcirc$ und $\square$ gekennzeichnet werden.

Abbildung 2.4 zeigt die vier Möglichkeiten, wie die beiden Moleküle in jeweils einer Hälfte des Systems auftreten können. Dies sind die vier verschiedenen Mikrozustände Mi-1 bis Mi-4.

Für die Kennzeichnung eines Makrozustandes geht die „Individualität" der Moleküle verloren und es zählt nur noch, wie viele Moleküle sich in jeder Hälfte

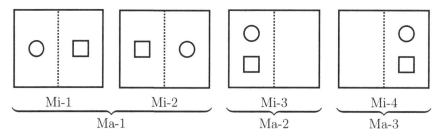

Abbildung 2.4: Mikro- und Makrozustände eines Systems bestehend aus zwei Molekülen

befinden. Damit stellen aber die beiden Mikrozustände Mi-1 und Mi-2 denselben Makrozustand Ma-1 dar. Da dieser im Gegensatz zu den weiteren Makrozuständen Ma-2 und Ma-3, die jeweils genau einem Mikrozustand entsprechen, aus zwei Mikrozuständen hervorgehen kann, hat sein Auftreten eine höhere Wahrscheinlichkeit, somit ist auch seine Entropie größer. Dies bezieht sich auf eine Situation, in der die einzelnen Moleküle unabhängig voneinander zufällig im System auf der rechten oder linken Seite vorkommen. Mit der Wahrscheinlichkeit von Makrozuständen kommt dann die makroskopische Größe Entropie ins Spiel.

Diese Überlegungen können auf immer mehr Moleküle im System ausgeweitet werden und führen für eine sehr große Anzahl von Molekülen mit Hilfe von Grenzwertbetrachtungen auf die Beziehung (2.1), die einen direkten Zusammenhang zwischen der Entropie und der Wahrscheinlichkeit von Makrozuständen herstellt.

2.5 Entropieänderungen: Transport und Produktion

Die vielleicht wichtigste Eigenschaft der Entropie, mit der sie eine innere Gesetzmäßigkeit grundsätzlich aller Prozesse zum Ausdruck bringt, ist die Tatsache, dass Entropie nicht vernichtet werden kann. Dies folgt vor dem Hintergrund von Zustandswahrscheinlichkeiten daraus, dass sich Systeme von sich aus, d.h. ohne externe Eingriffe, stets in Richtung wahrscheinlicherer Zustände entwickeln. „Ungesteuerte" reale Prozesse jeglicher Art verlaufen stets so, dass die den Ordnungszustand charakterisierende Größe Entropie dabei zunimmt. Dies ist, wie erwähnt, Ausdruck der Tatsache, dass Systeme sich stets in Richtung wahrscheinlicherer Zustände entwickeln. Wenn Prozesse aber nicht „von selbst ablaufen", sondern auf bestimmte Weise gezielt beeinflusst werden, kann die Entropie dabei aber durchaus abnehmen. Dies kann dann als „Transport von Entropie aus dem System" interpretiert werden. Bei entsprechenden Entropiebilanzen ist deshalb sorgfältig nach *Entropieänderungen aufgrund von Transportprozessen* und *Entropieproduktion* zu unterscheiden. So kann die Entropie in einem System z.B. abnehmen, wenn ein Stofftransport aus dem System heraus erfolgt. Da die Entropie als extensive Zustandsgröße quasi „an den Stoff gebunden ist", findet mit dem Stofftransport dann gleichzeitig auch ein Entropietransport statt.

Eine weitere, zunächst weniger anschauliche Art, die Entropie in einem System zu reduzieren, besteht darin, Energie in Form von Wärme aus einem System heraus zu transportieren, da ein Wärmestrom stets von einem Entropiestrom begleitet wird.

Entropieproduktion und *Entropieänderung aufgrund von Transportprozessen* sind dadurch gegeneinander abgegrenzt, dass nur die Entropieproduktion ein im thermodynamischen Sinne irreversibler Vorgang ist, transportbedingte Änderungen von Entropie zunächst aber reversibel verlaufen. Nur wenn dabei gleichzeitig noch Entropieproduktion auftritt, sind solche Transportprozesse ebenfalls (bis zu einem gewissen Grad) irreversibel.

Definition: Formen der Entropieänderung dS

- Für die Entropieproduktion (Index: pro) gilt:

$$d_{\text{pro}}S \geq 0 \tag{2.2}$$

Es handelt sich um irreversible Vorgänge, wenn $d_{\text{pro}}S > 0$ gilt. Im Grenzfall $d_{\text{pro}}S = 0$ liegt ein reversibler Prozess vor.

- Für die Entropieänderung aufgrund von Transportprozessen (Index: trans) gilt:

$$d_{\text{trans}}S \gtreqless 0 \tag{2.3}$$

Es handelt sich bei idealisierten Transportprozessen um reversible und bei realen Transportprozessen um teilweise irreversible Vorgänge. Der irreversible Aspekt kann formal mit $d_{\text{pro}}S$ dargestellt werden.

Die Schreibweise z.B. als $d_{\text{pro}}S$ und nicht dS_{pro} soll zum Ausdruck bringen, dass es sich um eine bestimmte Art der Entropieänderung (hier: Entropieproduktion) handelt und dass es nicht etwa unterschiedliche Arten von Entropie gibt.

2.6 Entropie und Umgebungszustand

Die Entropie als eine den Ordnungszustand eines Systems charakterisierende Größe ist eine absolute Größe. Da aber häufig nur Entropieunterschiede interessieren, kann die Entropie von einem bestimmten Bezugsniveau aus gezählt werden, das bei einer Differenzbildung schließlich wieder „herausfällt". Ein solches Bezugsniveau kann prinzipiell beliebig gewählt werden, ohne dass physikalische Argumente für ein bestimmtes Bezugsniveau sprechen würden.

Es gibt aber einen anderen Aspekt, der indirekt mit der Entropie zu tun hat und sich darauf bezieht, wie *Energie* bewertet werden kann. Die Tatsache, dass Energie nicht beliebig zwischen verschiedenen Formen wechseln bzw. nicht in beliebige Formen umgewandelt werden kann, ist letztlich darauf zurückzuführen, dass anderenfalls Entropie vernichtet würde. Diesem Aspekt kann man sehr anschaulich dadurch Rechnung tragen, dass Energie grundsätzlich in zwei Anteile aufgespalten wird, in einen „wertvollen" und einen „nutzlosen". Diese beiden Kategorien beziehen sich auf die Umwandelbarkeit. Diese wiederum muss anhand von prinzipiell durchführbaren Prozessen ermittelt werden. Diese Prozesse laufen in einer bestimmten *thermodynamischen Umgebung* (Druck, Temperatur, ...) ab, was einen prozessentscheidenden Einfluss hat. Aus diesem Grunde können Aussagen zu den beiden Anteilen von Energien (wertvoll / nutzlos) nur in Bezug auf einen bestimmten Umgebungszustand getroffen werden. Die beiden genannten Anteile werden als *Exergie* und *Anergie* bezeichnet.

Für eine widerspruchsfreie Definition „wertvoller" und „nutzloser" Energieanteile muss der Begriff der thermodynamischen Umgebung aber zunächst selbst definiert werden.

Definition: thermodynamische Umgebung

Die thermodynamische Umgebung ist ein unendlich großes, ruhendes Gleichgewichtssystem (thermisches, mechanisches, stoffliches und chemisches Gleichgewicht), dessen intensive Zustandsgrößen auch bei Aufnahme oder Abgabe von Energie und Materie unverändert bleiben. Sie stellt ein Referenzsystem für thermodynamische Systeme dar, die mit ihr in Kontakt gebracht werden.

Die thermodynamische Umgebung ist damit eine Modellvorstellung, die eine real existierende, an einem bestimmten Ort vorhandene Umgebung approximieren kann. Sie stellt ein unbegrenztes Reservoir für Materie, Energie und Entropie dar. Ihre chemische Zusammensetzung spielt nur dann eine Rolle, wenn Materie mit ihr ausgetauscht wird. Ist dies nicht der Fall, so ist sie durch die Angabe eines Druckes p_U und einer Temperatur T_U hinreichend beschrieben. *Exergie* und *Anergie* werden nun bezogen auf diesen Umgebungszustand wie folgt definiert.

Definition: Exergie, Anergie

Exergie: Derjenige Energieanteil, der ohne Einschränkungen bei einem bestimmten thermodynamischen Umgebungszustand in jede andere Energieform umgewandelt werden kann. Symbol: E^E

Anergie: Energieanteil, der nicht Exergie ist. Symbol: E^A

Eine andere Definition von *Exergie*, die ausnutzt, dass *Arbeit* eine Form des Energietransportes über eine Systemgrenze ist, bei der die Entropie unverändert bleibt, lautet: Exergie ist der Anteil der Energie, der maximal in Form von Arbeit in einem gedachten Prozess genutzt werden kann, an dessen Ende ein Gleichgewicht mit der Umgebung herrscht. Diese Definition führt dazu, dass Exergie im englischsprachigen Raum auch als *available work* bezeichnet wird, s. dazu die nachfolgende Definition der *Arbeitsfähigkeit* der Energie.

Mit dieser Aufteilung von Energie (E) = Exergie (E^E) + Anergie (E^A) können die beiden zuvor eingeführten unterschiedlichen Arten von Entropieänderung gut veranschaulicht werden:

- **Entropieproduktion**:
  Exergievernichtung mit entsprechender Anergieerzeugung

- **Entropieänderung aufgrund von Transportprozessen**:
  Energietransport ohne (idealisiert, reversibel) bzw. mit teilweiser (real, irreversibel) Exergievernichtung und entsprechender Anergieerzeugung

Diese, sowie generell alle Aussagen zur Exergie / Anergie gelten nicht nur für Energien, sondern auch für Energieströme.

Eine anschauliche Interpretation des Exergieanteils der Energie bzw. eines Energiestroms ist durch den Begriff der *Arbeitsfähigkeit der Energie eines Systems* gegeben.

Definition: Arbeitsfähigkeit der Energie in einem System

Ein System, das sich nicht im Umgebungszustand (charakterisiert durch p_U und T_U) befindet, kann prinzipiell Energie in Form von Arbeit abgeben oder aufnehmen. Die dabei maximal reversibel übertragbare Energie liegt vor, wenn anschließend im System der Umgebungszustand herrscht. Sie wird als *Arbeitsfähigkeit der Energie in einem System* bezeichnet.

Mit dieser Definition können die beiden Begriffe *Exergieanteil der Energie* und *Arbeitsfähigkeit der Energie in einem System* synonym verwendet werden.

Die nachfolgende Tabelle 2.1 enthält die Exergieanteile verschiedener Energieformen und verschiedener Formen des Energietransportes, die sich aus den zuvor genannten Überlegungen ergeben. Dabei sind die Transportgrößen jeweils als *Ströme* angegeben, wobei der Wärmestrom die pro Zeit in Form von Wärme

Tabelle 2.1: Exergieanteile (Kennzeichnung durch $\square^E$)
     $\square_U$: Wert im Umgebungszustand

Energieformen

spezifische kinetische Energie $c^2/2$	reine Exergie
spezifische potentielle Energie $g(z - z_U)$	reine Exergie
spezifische innere Energie u	$u^E = u - u_U - T_U(s - s_U) + p_U(v - v_U)$
spezifische Enthalpie $h = u + pv$	$h^E = h - h_U - T_U(s - s_U)$

Formen des Energietransportes

Wärmestrom $\dot{Q}$	$\dot{Q}^E = \eta_C \dot{Q}$; $\eta_C = 1 - T_U/T$
mechanische Leistung P_{mech}	reiner Exergiestrom
elektrische Leistung P_{el}	reiner Exergiestrom

übertragene Energie darstellt und eine Leistung der pro Zeit in Form von Arbeit übertragenen Energie entspricht.

Im späteren Beispiel 3 wird exemplarisch gezeigt, wie der Exergieanteil u^E der spezifischen inneren Energie bestimmt werden kann.

2.7 Entropie und Exergieverluste

Ein entscheidender Aspekt in realen Prozessen sind die dort auftretenden „Verluste". Diese sind stets mit einer Entropieproduktion verbunden und stellen gleichzeitig einen Exergieverlust dar. Dabei gilt ein denkbar einfacher Zusammenhang zwischen dem Exergieverlust E_V^E und der produzierten Entropie S_{pro} bzw. zwischen den entsprechenden Strömen $\dot{E}_V^E$ und $\dot{S}_{pro}$. Dieser ist in der thermodynamischen Literatur als *Gouy–Stodola* Theorem[1] bekannt und lautet

$$\boxed{E_V^E = T_U S_{pro}} \quad \text{und} \quad \boxed{\dot{E}_V^E = T_U \dot{S}_{pro}} \tag{2.4}$$

mit

E_V^E	Exergieverlust	in J
$\dot{E}_V^E$	Exergieverlustrate	in W
S_{pro}	Entropieproduktion	in J/K
$\dot{S}_{pro}$	Entropieproduktionsrate	in W/K
T_U	Umgebungstemperatur	in K

Diese Beziehung unterstreicht noch einmal die Abhängigkeit der Exergie / Anergie vom Umgebungszustand (hier von T_U) im Gegensatz zur absoluten Größe S_{pro} bzw. $\dot{S}_{pro}$.

2.8 Entropieproduktion und Energieentwertung

Im Zusammenhang mit energietechnischen Prozessen kann die Entropieproduktion bzw. Exergievernichtung anschaulich als eine *Entwertung* der im Prozess beteiligten Energie interpretiert werden. Dies unterstellt eine bestimmte „Wertigkeit" der Energie, die wiederum durch ihren Exergieanteil charakterisiert ist. Da dieser *Exergieanteil* auch als *Arbeitsfähigkeit der Energie eines Systems* beschrieben werden kann, ergibt sich folgende Definition der Energieentwertung in einem Prozess (Energieübertragungs- oder Energieumwandlungsprozess).

---

[1]benannt nach Louis Georges Gouy (1854-1926) und Aurel Stodola (1859-1942)

Definition: Energieentwertung in einem Prozess

In einem thermodynamischen Prozess findet eine Energieentwertung statt, wenn im Zusammenhang mit einer Energieübertragung und/oder Energieumwandlung eine Entropieproduktion auftritt. Damit führen alle irreversiblen Übertragungs- und/oder Umwandlungsprozesse zwangsläufig zu einer Entwertung der beteiligten Energien. Ein Maß für die Entwertung der Energie E, mit den Exergie- und Anergieanteilen E^E bzw. E^A, ist die während des betrachteten Prozesses eintretende Entropieproduktion S_{pro} oder der damit verbundene Exergieverlust $E_V^E = T_U S_{pro}$.

Damit sind im weiteren die folgenden drei Begriffe eine gleichwertige Beschreibung im Zusammenhang mit irreversiblen Prozessen:

- Energieentwertung

- Entropieproduktion

- Verminderung der Arbeitsfähigkeit der Energie

Alle drei Begriffe zusammen ermöglichen eine anschauliche Vorstellung bzgl. wichtiger Aspekte von energietechnischen Prozessen, die mit Hilfe der physikalischen Größe *Entropie* exakt beschrieben werden können.

2.9 Entropie und Wärme

Wärme ist aus thermodynamischer Sicht ein Transportvorgang (Transport von innerer Energie über eine Systemgrenze) und damit eine Prozessgröße und nicht etwa eine Zustandsgröße. Deshalb sind z.B. Begriffe wie „Wärmemenge" oder „Wärmeinhalt", die eindeutig auf eine Zustandsgröße hinweisen würden, schlicht unsinnig. Um keinerlei Missverständnisse aufkommen zu lassen, sollte statt des Begriffes der *Wärmeübertragung* die Formulierung *Energieübertragung in Form von Wärme* verwendet werden. Vollständig systematisch wird dies, wenn gleichzeitig auch die analoge Formulierung einer *Energieübertragung in Form von Arbeit* eingeführt wird.

Um zu verstehen, wie sich die Entropie eines Systems im Zusammenhang mit der Energieübertragung in Form von Wärme verhält, ist es aufschlussreich, das im Beispiel 2 beschriebene Gedankenexperiment im Detail nachzuvollziehen. Dabei wird einem System dieselbe Energiemenge auf zwei prinzipiell unterschiedlichen Wegen, in Form von Arbeit und in Form von Wärme, zugeführt.

Beispiel 2: Energiezufuhr in Form von Arbeit oder Wärme

In diesem Beispiel wird gezeigt, dass man einem bestimmten Zustand eines Systems nicht ansehen kann, ob dieser durch eine Energieübertragung in Form von Arbeit oder Wärme zustandegekommen ist.

In der Anordnung, die im nachfolgenden Bild skizziert ist, soll dieselbe Energiemenge auf zwei ganz unterschiedlichen Wegen von außen in das System übertragen
werden, und zwar:

- in Form von Arbeit über den Antrieb eines Flügelrades (Zustandsänderung $a_0 \to a_1 \to a_2$)

- in Form von Wärme über eine im Gefäßboden vorhandene Heizfläche (Zustandsänderung $b_0 \to b_1$)

Bis auf die Heizfläche im Fall der Energieübertragung in Form von Wärme liegen
adiabate Wände vor, d.h. es gilt dort jeweils $\dot{q}_W = 0$.

Zustandsänderung $a_0 \to a_1 \to a_2$

In das zylindrische Gefäß ragt ein Flügelrad, mit dem die im Gefäß befindliche
Flüssigkeit in Rotation versetzt werden kann. Dazu ist eine Antriebsleistung P_{mech}
erforderlich, die von der Zeit t abhängen kann. Wenn diese Leistung über eine
Zeitspanne von t_0 bis t_1 wirkt, ist die zum Antrieb aufgebrachte Energie

$$E_{mech} = \int\limits_{t_0}^{t_1} P_{mech}(t) \mathrm{d}t \tag{2.5}$$

Diese Energie ist anschließend zum Teil in Form von kinetischer Energie im rotie-
renden Fluid gespeichert. Ein Teil ist aber auch „verloren gegangen", d.h. durch

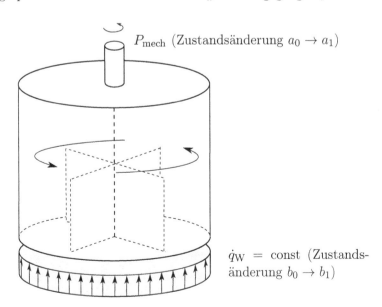

P_{mech} (Zustandsänderung $a_0 \to a_1$)

$\dot{q}_W = $ const (Zustandsänderung $b_0 \to b_1$)

Abbildung 2.5: Zylindrisches Gefäß mit adiabaten Wänden und einem integrierten
               Flügelrad

die Wirkung von Reibungskräften dissipiert und damit in innere Energie des Systems überführt worden. Als Gedankenexperiment kann man allerdings die Reibungseffekte zunächst ausschalten, so dass E_{mech} vollständig als kinetische Energie im Fluid gespeichert ist. Wenn E_0 die Energie des Systems zu Anfang ist (Zustand a_0, E_0 ist dann innere Energie auf dem Umgebungstemperatur- und -druckniveau, also reine Anergie), so besitzt das System für $t > t_1$ (Zustand a_1) die Energie $E_0 + E_{mech}$. Dabei ist E_0 weiterhin Anergie, E_{mech} aber Exergie.

Wenn nun in Gedanken Reibungseffekte wieder eingeschaltet werden, so dissipiert die kinetische Energie mit der Zeit und die Rotationsbewegung kommt zum Erliegen (Zustand a_2 für $t \to \infty$). Die Energie des Systems ist weiterhin $E_0 + E_{mech}$, es handelt sich jetzt aber fast ausschließlich um Anergie. Bei dem Dissipationsprozess kommt es zu einer Erwärmung des Fluides auf $T_2 > T_U$, so dass die innere Energie $E_0 + E_{mech}$ noch einen geringen Exergieanteil besitzt.

Zustandsänderung $b_0 \to b_1$

Alternativ zur Energieübertragung in Form von Arbeit durch das angetriebene Flügelrad soll dieselbe Energiemenge jetzt als $E_Q (= E_{mech})$ durch einen Wärmestrom über den Boden des Gefäßes zugeführt werden. Dafür ist die adiabate Randbedingung am Gefäßboden kurzzeitig aufgehoben und es liegt dort für die Zeitspanne von t_0 bis t_1 die Wärmestromdichte $\dot{q}_W$ in W/m^2 vor. Mit der Bodenfläche A gilt

$$E_Q = \int\limits_{t_0}^{t_1} \dot{q}_W A \mathrm{d}t \tag{2.6}$$

für die in Form von Wärme zugeführte Energie. Mit $E_Q = E_{mech}$ stellt sich nach einem Temperaturausgleich überall im Gefäß die Temperatur T_2 ein (Zustand b_1) und die beiden Endzustände a_2 und b_1 sind identisch.

Vergleich beider Zustandsänderungen

Die zuvor beschriebenen Zustandsänderungen können wie folgt charakterisiert werden:

- $a_0 \to a_1$: Energieübertragung in Form von Arbeit; keine Veränderung der Entropie im System

- $a_1 \to a_2$: Dissipationsprozess innerhalb des System; Entropieproduktion im System

- $b_0 \to b_1$: Energieübertragung in Form von Wärme; Erhöhung der Entropie im System durch einen Transport über die Systemgrenze (reversibler Anteil) und eine anschließende Produktion im Zuge des Temperaturausgleichs (irreversibler Anteil).

Da mit $a_0 \rightarrow a_1 \rightarrow a_2$ und $b_0 \rightarrow b_1$ derselbe Endzustand $a_2 = b_1$ erreicht wird, entspricht hier der Energieübertragung in Form von Wärme eine Energieübertragung in Form von Arbeit mit nachgeschaltetem Dissipationsprozess. Daran wird deutlich, dass mit der Energieübertragung in Form von Wärme eine Energieform übertragen wird, die offensichtlich zuvor bereits außerhalb des Systems weitgehend „entwertet" worden war, weil sie nach einem gedachten Dissipationsprozess als innere Energie vorliegt und als solche in Form von Wärme in das System hinein übertragen wird.

Damit sollte nicht verwundern, dass bei einer Energieübertragung in Form von Wärme die Entropie in dem „Zielsystem" ansteigt, während das bei einer Energieübertragung in Form von Arbeit zunächst nicht der Fall ist. Erst wenn das System die in Form von Arbeit übertragene Exergie nicht als solche speichern (und dann ggf. wieder abgeben) kann, setzt unvermeidlich ein Dissipationsprozess im System ein, bei dem dann Entropie erzeugt wird, weil Exergie in Anergie verwandelt wird.

2.10 Vermeintlich verwandte Begriffe zur Entropie

Im Bereich der Thermofluiddynamik treten einige Begriffe auf, die vom Wortklang oder dem zugehörigen Problemfeld her auf den ersten Blick eine enge Verwandtschaft zum Entropiekonzept suggerieren. Drei solche Begriffe, die Negentropie, die Entransie und die Enstrophie sollen im Folgenden kurz erläutert werden.

2.10.1 Negentropie

Dieser Begriff ist eng mit der Entropie verbunden, aber weit mehr als „negative Entropie", wie bisweilen als Erläuterung angeführt wird. Er geht auf den Physiker Erwin Schrödinger (1887 – 1961) zurück, der ihn ausführlich in seinem Buch „Was ist Leben?" (Schrödinger (1944)) erläutert.

Mit diesem Begriff soll erklärt werden, wie und wieso sich (lebende) Systeme mit einem immanent hohen Ordnungsgrad und damit niedriger Entropie in einer chaotischen ungeordneten Umgebung bei damit hoher Entropie herausbilden können. Dieses Entropiedefizit als „Systementropie – Umgebungsentropie" ist damit eine negative Größe, die von E. Schrödinger mit dem anschaulichen Begriff der *Negentropie* belegt worden ist. Für eine vertiefende Darstellung dieses Sachverhaltes s. z.B. Mahulikar u. Herwig (2009)

2.10.2 Entransie

Es handelt sich um einen Begriff, der vor einigen Jahren von einer Forschergruppe um Prof. Zeng-Yuan Guo an der Tsinghua-Universität in Peking/China eingeführt worden ist. Er soll dazu dienen, das „Wärmeübertragungspotential" eines Objektes zu charakterisieren, so wie ein elektrischer Kondensator elektrische Ladungen speichert und damit ein *elektrisches Potenzial* besitzt. Im Sinne der Analogie zu elektrischen Systemen wird dabei folgende Entsprechung gesehen:

- Der elektrischen Ladung Q_{ve} in einem Kondensator, gemessen in Coulomb (C), entspricht die „gespeicherte Wärme Q_{vh}" gemessen in Joule (J).

- Dem elektrischen Potenzial U_e, gemessen in Volt (V), entspricht die thermodynamische Temperatur T, gemessen in Kelvin (K).

Deshalb wird analog zur *elektrischen potentiellen Energie in einem Kondensator* $E_e = \frac{1}{2}Q_{ve}U_e$ die Größe $E_h = \frac{1}{2}Q_{vh}T$ als sog. *Entransie* eingeführt. Wie ein elektrischer Kondensator, der Ladungen und damit verbunden auch Energie speichert, wird ein Körper als ein thermischer Kondensator angesehen, der thermische Ladungen (Wärme) und damit verbunden ebenfalls Energie speichert. Der Begriff *Entransie* soll dabei die Teilaspekte „Energie" und „Transfer" (von Energie) beinhalten.

In einer Reihe von Arbeiten wird dieses Konzept einschließlich der „Entransie-dissipation" näher ausgeführt, s. z.B. Guo u. a. (2007); Guo u. Chen (2007); Chen u. a. (2011).

Insgesamt kann das Entransie-Konzept aber auch sehr kritisch gesehen werden, angefangen von der fälschlichen Verwendung der Wärme als Zustandsgröße, über die Tatsache, dass die elektrische Größe E_e eine Energie darstellt (gemessen in J), die analoge thermische Größe E_h aber die Einheit J K besitzt (und damit keine Energie darstellt), bis hin zu dem fehlenden Nachweis, dass mit dem Entransie-Begriff Sachverhalte darstellbar werden, die nicht genauso gut mit den etablierten Größen Entropie und Exergie beschrieben werden könnten.

2.10.3 Enstrophie

Es handelt sich um einen (selten verwendeten Begriff) aus der Strömungsmechanik, mit dem Wirbelstrukturen beschrieben und charakterisiert werden können. Die übliche Definition führt die Enstrophie als lokale Größe in einem Strömungsfeld mit dem Geschwindigkeitsvektor $\vec{v}$ ein. Sie entspricht dem Skalarprodukt des Drehungsvektors

$$\vec{\omega} \equiv \nabla \times \vec{v} \tag{2.7}$$

mit sich selbst, d.h. für die Enstrophie ω^2 gilt

$$\omega^2 \equiv \vec{\omega} \cdot \vec{\omega} \tag{2.8}$$

Gelegentlich wird auch ein Integral über diese Größe als Enstrophie eingeführt. Einen direkten Zusammenhang mit der Entropie gibt es nicht.

Anwendungen dieser Größe findet man in der Turbulenzforschung (s. z.B. Pope (2000)), der Meteorologie (s. z.B. Hantel u. a. (2003)) und bei der Beschreibung von Verbrennungsvorgängen.

3 Mathematische Beschreibung

In diesem Kapitel soll gezeigt werden, wie die Beziehungen für die Entropieproduktion aufgrund von Dissipation mechanischer Energie und von Wärmeleitung als Differentialausdrücke in einem Strömungs- und Temperaturfeld entstehen. Diese Gleichungen (3.15) und (3.16) sind von zentraler Bedeutung. Zusätzlich wird gezeigt, welche Rolle die Dissipation mechanischer Energie in der Energiebilanz (1. Hauptsatz der Thermodynamik) spielt. Zuvor soll aber erläutert werden, unter welchen Voraussetzungen solche Bilanzen aufgestellt und angewandt werden können.

Leser, die an den Details der Herleitung nicht interessiert sind, sollten im Abschnitt 3.2 unmittelbar zu den Gleichungen (3.14) - (3.16) und im Abschnitt 3.3 zu den Gleichungen (3.28) und (3.33) „springen".

3.1 Gleichgewichts- und Nicht-Gleichgewichtssituationen

Wenn in der Thermodynamik das Stoffverhalten durch die thermische und kalorische Zustandsgleichung oder allgemeiner in Form einer Fundamentalgleichung mathematisch beschrieben wird, so gilt dies zunächst nur für einen thermodynamischen Gleichgewichtszustand. Ein solcher Gleichgewichtszustand eines Systems stellt sich (asymptotisch) in großen Zeiten ein, wenn alle Hemmnisse entfallen, denen das System prinzipiell unterliegen kann. Am Ende eines internen Ausgleichsprozesses liegt das System dann bei einheitlichen Werten der Zustandsgrößen vor, was als thermodynamische Phase bezeichnet wird[1].

Definition: Thermodynamische Phase

Ein räumlich abgegrenzter Bereich (thermodynamisches System) erreicht seinen *thermodynamischen Gleichgewichtszustand*, wenn alle Gradienten physikalischer Größen, die grundsätzlich mit fortschreitender Zeit abgebaut werden können, zu null geworden sind.

Das System befindet sich dann in einem Zustand, der als *Phase* bezeichnet wird.

Es sei darauf hingewiesen, dass dies eine eng gefasste Definition des Phasen-Begriffs ist. Häufig wird der Begriff der Phase für ein qualitativ einheitliches Gebiet verwendet, in dem durchaus noch Gradienten der Zustandsgrößen vorkommen können.

---

[1]Davon ausgenommen sind Gradienten, die unter den gegebenen Bedingungen nicht abgebaut werden können, wie z.B. ein hydrostatischer Druckgradient im Schwerefeld.

Hat das System den zuvor definierten Phasenzustand erreicht, liegt eine besondere Form der Thermodynamik vor.

Definition: Gleichgewichts- oder Phasen-Thermodynamik

Unter *Gleichgewichts-* bzw. *Phasen-Thermodynamik* wird folgende Vorgehensweise verstanden:

Bei der thermodynamischen Analyse von Zuständen gelten zwischen den einzelnen physikalischen Größen die Beziehungen für das thermodynamische Gleichgewicht. Gradienten von physikalischen Größen treten im Allgemeinen nicht auf. Sie kommen nur dann vor, wenn bestimmte Hemmnisse nicht entfernt werden können, die zu einem Abbau der zugehörigen Gradienten führen würden. Ansonsten liegt das System als Phase vor.

Eine wichtige Frage ist nun, ob die im Gleichgewicht gültigen Beziehungen auch dann noch gelten, wenn keine einheitlichen Zustände im System vorliegen. Dies ist stets dann der Fall, wenn reale Prozesse ablaufen, bei denen es zwangsläufig zu zeitlichen und/oder lokalen Veränderungen im System kommt.

Eine genauere Analyse zeigt nun, dass diesbezüglich nach zwei Fällen unterschieden werden muss:

Definition: Quasi-Gleichgewichts-Thermodynamik

Unter *Quasi-Gleichgewichts-Thermodynamik* wird folgende Vorgehensweise verstanden:

Bei der thermodynamischen Analyse von Zustands*änderungen* gelten zwischen den einzelnen physikalischen Größen Beziehungen, die mit akzeptablen Abweichungen (im Ergebnis) durch die Beziehungen für das thermodynamische Gleichgewicht angenähert werden können. Damit kann das System in infinitesimal kleine Bereiche unterteilt werden, die jeweils für sich der Gleichgewichts- oder Phasen-Thermodynamik gehorchen.

Gradienten von Geschwindigkeiten und Temperaturen führen zu Spannungen und Wärmeströmen, die linear von diesen Gradienten abhängen.

Definition: Nicht-Gleichgewichts-Thermodynamik

Unter *Nicht-Gleichgewichts-Thermodynamik* wird folgende Vorgehensweise verstanden:

Bei der thermodynamischen Analyse von Zustands*änderungen* gelten zwischen den einzelnen physikalischen Größen Beziehungen, die nicht mit akzeptablen Abweichungen (im Ergebnis) durch die Beziehungen für das thermodynamische Gleichgewicht angenähert werden können.

Gradienten von Geschwindigkeiten und Temperaturen führen zu Spannungen und Wärmeströmen, die nichtlinear von diesen Gradienten abhängen.

Fast alle technisch interessierenden Systeme können aus thermodynamischer Sicht auf der Basis der Quasi-Gleichgewichts-Thermodynamik (engl.: classical irreversible thermodynamics, CIT) analysiert werden. Die darin vorkommenden Gradienten der physikalischen Größen verhindern nicht, dass die im Gleichgewicht gewonnenen Zusammenhänge lokal (d.h. an einer bestimmten Stelle im System) und momentan (d.h. zu einem bestimmten Zeitpunkt) angewandt werden können. Deshalb wird dann auch von einem *lokalen und momentanen Gleichgewicht* oder einer *quasistatischen Zustandsänderung* gesprochen.

Nur in Extremfällen (wie z.B. in Stoßwellen beim Übergang von Über- auf Unterschallströmungen) treten so hohe Gradienten auf, dass eine Analyse auf Basis der Nicht-Gleichgewichts-Thermodynamik (engl.: extented irreversible thermodynamics, EIT) erforderlich ist. Solche Situationen liegen prinzipiell dann vor, wenn die Zeiten, die zum Erreichen eines Gleichgewichtszustandes erforderlich sind (sog. Relaxationszeiten) nicht mehr deutlich kleiner sind als Zeiten, in denen es zu nennenswerten Änderungen im System kommt (sog. Prozesszeiten). Eine genauere Analyse solcher Vorgänge geht allerdings über den Rahmen dieses Buches hinaus.

Die nachfolgenden Bilanzen werden im Rahmen der Quasi-Gleichgewichts-Thermodynamik aufgestellt. Entropieproduktionen kommen im Gleichgewicht nicht vor und sind deshalb unmittelbarer Ausdruck davon, dass sich ein System nicht im thermodynamischen Gleichgewicht befindet. Wie zuvor beschrieben, wird hier ein Nicht-Gleichgewicht im Sinne der Quasi-Gleichgewichts-Thermodynamik unterstellt. Für eine ausführliche Diskussion und einen Überblick über verschiedene Ansätze „jenseits der Gleichgewichts-Thermodynamik" s. Muschik (2007).

3.2 Die Entropie-Bilanzgleichung

Im Folgenden soll die Entropie-Bilanzgleichung für ein infinitesimales Kontrollvolumen $dV = dx \, dy \, dz$ in kartesischen Koordinaten $\vec{x} = (x, y, z)$ aufgestellt werden. Es handelt sich dabei um eine Differenzialgleichung, die zur Bestimmung der spezifischen Entropie $s = s(x, y, z, t)$ z.B. durch Integration mit der Finite Volumen Methode herangezogen werden kann. Da für ein bestimmtes Fluid gleichzeitig aber auch eine Entropie-Zustandsgleichung $s = s(p, T)$ existiert, kann s alternativ auch aus den als bekannt unterstellten Werten des Druckes p und der thermodynamischen Temperatur T bestimmt werden. In diesem Sinne handelt es sich bei der Entropie s um eine sog. *Postprocessing-Größe* in einem Strömungs- bzw. Temperaturfeld.

Trotzdem ist es aufschlussreich, die Bilanzgleichung für s herzuleiten und anschließend einer physikalischen Interpretation zu unterziehen. Der Ausgangspunkt ist die thermodynamische Fundamentalgleichung $u = u(s, v)$, mit der die spezifische innere Energie u als Funktion der spezifischen Entropie s und dem spezifischen Volumen v beschrieben wird. Nach dem ersten Hauptsatz der Thermodynamik sind Änderungen der inneren Energie eines Systems durch Energieübertragungen in Form von Wärme oder Arbeit möglich, d.h. es gilt allgemein (hier mit spezifischen Größen formuliert)

$$du = \delta q + \delta w \qquad (3.1)$$

Unterstellt man zunächst als spezielle Energieübertragungen eine reversible Wärmeübertragung $\delta q = T\,ds$ und eine reversible Volumenänderungsarbeit $\delta w = -p\,dv$, so folgt

$$du = T\,ds - p\,dv \tag{3.2}$$

Vergleicht man dies mit dem vollständigen Differential von $u(s,v)$, also

$$du = \left(\frac{\partial u}{\partial s}\right)_v ds + \left(\frac{\partial u}{\partial v}\right)_s dv \tag{3.3}$$

wird deutlich, dass Gl. (3.2) offensichtlich für beliebige (d.h. nicht nur für reversible) Prozesse gilt, wobei $(\partial u/\partial s)_v = T$ und $(\partial u/\partial v)_s = -p$. Es entfällt dann lediglich die Interpretation von $T\,ds$ bzw. $-pdv$ als die zuvor unterstellten reversiblen Teilprozesse.

Aufgelöst nach ds ergibt sich

$$ds = \frac{1}{T}du + \frac{p}{T}dv \tag{3.4}$$

bzw. mit $dv = d\varrho^{-1} = -\varrho^{-2}d\varrho$

$$ds = \frac{1}{T}du + \frac{p}{\varrho^2 T}d\varrho \tag{3.5}$$

Angewandt auf das infinitesimale Volumenelement dV mit der Masse dm ergibt sich im Sinne einer teilchenfesten *Lagrangeschen Betrachtungsweise* daraus für die Zeitableitung von s

$$\frac{Ds}{Dt} = \frac{1}{T}\frac{Du}{Dt} - \frac{p}{\varrho^2 T}\frac{D\varrho}{Dt} \tag{3.6}$$

Die beiden sog. *substantiellen Ableitungen* auf der rechten Seite von Gl. (3.6), Du/Dt und $D\varrho/Dt$ können nun aus zwei strömungsmechanischen Bilanzen ermittelt werden. Dies sind die Massenerhaltung (Kontinuitätsgleichung) für $D\varrho/Dt$ und die Bilanz der thermischen Energie für Du/Dt. In diesem Zusammenhang werden der kartesische Geschwindigkeitsvektor $\vec{v} = (u,v,w)$, der viskose Spannungstensor $\vec{\vec{\tau}}$, s. Gl. (5.6), und der Wärmestromdichtevektor $\vec{q} = (\dot{q}_x, \dot{q}_y, \dot{q}_z)$ eingeführt[1]. Mit der Kontinuitätsgleichung (s. Herwig, 2006, Kap. 4.5.1)

$$\frac{D\varrho}{Dt} + \varrho\left(\frac{\partial u}{\partial x} + \frac{\partial v}{\partial y} + \frac{\partial w}{\partial z}\right) = 0 \tag{3.7}$$

---

[1]Wenn die in der Thermodynamik und Strömungsmechanik üblichen Bezeichnungen weitgehend beibehalten werden sollen, lässt es sich leider nicht vermeiden, dass z.B. das Symbol u in einer doppelten Bedeutung (spezifische innere Energie und Geschwindigkeitskomponente) vorkommt.

und der Teil-Energiegleichung für die thermische Energie (s. Herwig, 2006, Kap. 4.5.1, dort Tab. 4.1 mit $u = h - p/\varrho$)

$$
\begin{aligned}
\frac{Du}{Dt} =\ & -\frac{1}{\varrho}\left(\frac{\partial \dot{q}_x}{\partial x} + \frac{\partial \dot{q}_y}{\partial y} + \frac{\partial \dot{q}_z}{\partial z}\right) - \frac{p}{\varrho}\left(\frac{\partial u}{\partial x} + \frac{\partial v}{\partial y} + \frac{\partial w}{\partial z}\right) \\
& + \frac{1}{\varrho}\left(\tau_{xx}\frac{\partial u}{\partial x} + \tau_{yx}\frac{\partial v}{\partial x} + \tau_{zx}\frac{\partial w}{\partial x}\right) \\
& + \frac{1}{\varrho}\left(\tau_{xy}\frac{\partial u}{\partial y} + \tau_{yy}\frac{\partial v}{\partial y} + \tau_{zy}\frac{\partial w}{\partial y}\right) \\
& + \frac{1}{\varrho}\left(\tau_{xz}\frac{\partial u}{\partial z} + \tau_{yz}\frac{\partial v}{\partial z} + \tau_{zz}\frac{\partial w}{\partial z}\right)
\end{aligned}
\tag{3.8}
$$

folgt für Gleichung (3.6) (nach einer Multiplikation mit ϱ)

$$
\begin{aligned}
\varrho\frac{Ds}{Dt} =\ & -\frac{1}{T}\left(\frac{\partial \dot{q}_x}{\partial x} + \frac{\partial \dot{q}_y}{\partial y} + \frac{\partial \dot{q}_z}{\partial z}\right) \\
& + \frac{1}{T}\left(\tau_{xx}\frac{\partial u}{\partial x} + \tau_{yx}\frac{\partial v}{\partial x} + \tau_{zx}\frac{\partial w}{\partial x}\right) \\
& + \frac{1}{T}\left(\tau_{xy}\frac{\partial u}{\partial y} + \tau_{yy}\frac{\partial v}{\partial y} + \tau_{zy}\frac{\partial w}{\partial y}\right) \\
& + \frac{1}{T}\left(\tau_{xz}\frac{\partial u}{\partial z} + \tau_{yz}\frac{\partial v}{\partial z} + \tau_{zz}\frac{\partial w}{\partial z}\right)
\end{aligned}
\tag{3.9}
$$

Zur besseren Interpretation sollen jetzt die ersten Terme auf der rechten Seite wie folgt umgeschrieben werden

$$
\begin{aligned}
-\frac{1}{T}\left(\frac{\partial \dot{q}_x}{\partial x} + \frac{\partial \dot{q}_y}{\partial y} + \frac{\partial \dot{q}_z}{\partial z}\right) =\ & \left(\frac{\partial(\dot{q}_x/T)}{\partial x} + \frac{\partial(\dot{q}_y/T)}{\partial y} + \frac{\partial(\dot{q}_z/T)}{\partial z}\right) \\
& - \frac{1}{T^2}\left(\dot{q}_x\frac{\partial T}{\partial x} + \dot{q}_y\frac{\partial T}{\partial y} + \dot{q}_z\frac{\partial T}{\partial z}\right)
\end{aligned}
\tag{3.10}
$$

Wird zusätzlich ein Newtonsches Fluidverhalten (molekulare Viskosität η) mit $\mathrm{div}\vec{v} = \frac{\partial u}{\partial x} + \frac{\partial v}{\partial y} + \frac{\partial w}{\partial z}$ als

$$
\begin{aligned}
\tau_{xx} &= \eta\left(2\frac{\partial u}{\partial x} - \frac{2}{3}\mathrm{div}\vec{v}\right) &;& \quad \tau_{xy} = \tau_{yx} = \eta\left(\frac{\partial v}{\partial x} + \frac{\partial u}{\partial y}\right) \\
\tau_{yy} &= \eta\left(2\frac{\partial v}{\partial y} - \frac{2}{3}\mathrm{div}\vec{v}\right) &;& \quad \tau_{yz} = \tau_{zy} = \eta\left(\frac{\partial w}{\partial y} + \frac{\partial v}{\partial z}\right) \\
\tau_{zz} &= \eta\left(2\frac{\partial w}{\partial z} - \frac{2}{3}\mathrm{div}\vec{v}\right) &;& \quad \tau_{zx} = \tau_{xz} = \eta\left(\frac{\partial u}{\partial z} + \frac{\partial w}{\partial x}\right)
\end{aligned}
\tag{3.11}
$$

und eine Fouriersche Wärmeleitung (molekulare Wärmeleitfähigkeit λ) als

$$\dot{q}_x = -\lambda \frac{\partial T}{\partial x} \quad ; \quad \dot{q}_y = -\lambda \frac{\partial T}{\partial y} \quad ; \quad \dot{q}_z = -\lambda \frac{\partial T}{\partial z} \tag{3.12}$$

unterstellt, so folgt endgültig in einer *Eulerschen Betrachtungsweise*, d.h. mit (s. Herwig, 2006, dort Kap. 4.3)

$$\frac{D...}{Dt} = \frac{\partial ...}{\partial t} + u \frac{\partial ...}{\partial x} + v \frac{\partial ...}{\partial y} + w \frac{\partial ...}{\partial z} \tag{3.13}$$

für die Entropie-Bilanzgleichung:

$$\varrho \underbrace{\left(\frac{\partial s}{\partial t} \right.}_{①} + \underbrace{\left. u \frac{\partial s}{\partial x} + v \frac{\partial s}{\partial y} + w \frac{\partial s}{\partial z} \right)}_{②} =$$

$$- \underbrace{\left(\frac{\partial (\dot{q}_x / T)}{\partial x} + \frac{\partial (\dot{q}_y / T)}{\partial y} + \frac{\partial (\dot{q}_z / T)}{\partial z} \right)}_{③}$$

$$+ \underbrace{\frac{\lambda}{T^2} \left[\left(\frac{\partial T}{\partial x} \right)^2 + \left(\frac{\partial T}{\partial y} \right)^2 + \left(\frac{\partial T}{\partial z} \right)^2 \right]}_{④}$$

$$+ \underbrace{\frac{\eta}{T} \left[2 \left\{ \left(\frac{\partial u}{\partial x} \right)^2 + \left(\frac{\partial v}{\partial y} \right)^2 + \left(\frac{\partial w}{\partial z} \right)^2 \right\} \right.}_{⑤...}$$

$$\underbrace{\left. + \left(\frac{\partial u}{\partial y} + \frac{\partial v}{\partial x} \right)^2 + \left(\frac{\partial u}{\partial z} + \frac{\partial w}{\partial x} \right)^2 + \left(\frac{\partial v}{\partial z} + \frac{\partial w}{\partial y} \right)^2 \right]}_{...⑤} \tag{3.14}$$

In dieser Gleichung können nun die einzelnen Terme bzw. Termgruppen wie folgt physikalisch bzgl. ihrer Wirkung auf die spezifische Entropie s interpretiert werden:

① : lokale zeitliche Änderung der spezifischen Entropie

② : lokale konvektive Änderung der spezifischen Entropie

③ : lokale Änderung der spezifischen Entropie aufgrund einer reversiblen Wärmeübertragung

$\textcircled{4}$: lokale Entropieproduktion aufgrund von Wärmeleitung in Richtung abnehmender Temperatur

$\textcircled{5}$: lokale Entropieproduktion aufgrund der Dissipation von mechanischer Energie

Dabei entspricht Term $\textcircled{3}$ der Entropieänderung aufgrund von Transportprozessen, hier der Wärmeleitung, vgl. Gl. (2.3) in Abschnitt 2.5.

Die Terme $\textcircled{4}$ und $\textcircled{5}$ beschreiben zwei verschiedene Arten der Entropieproduktion im Sinne von Gl. (2.2) im Abschnitt 2.5. Da diese beiden Terme für die weiteren Überlegungen von zentraler Bedeutung sind, sollen sie hier noch einmal gesondert aufgeführt werden. Physikalisch stellen sie lokale Entropieproduktionsraten mit der Einheit $(\mathrm{J/K})/(\mathrm{s\,m}^3)$, also Entropieänderungen $(\mathrm{J/K})$ pro Zeit (s) und Volumen (m^3) dar.

Für die beiden Arten der Entropieproduktion gilt

- lokale Entropieproduktion auf Grund von Wärmeleitung:

$$\dot{S}_{\mathrm{WL}}''' = \frac{\lambda}{T^2}\left[\left(\frac{\partial T}{\partial x}\right)^2 + \left(\frac{\partial T}{\partial y}\right)^2 + \left(\frac{\partial T}{\partial z}\right)^2\right] \qquad (3.15)$$

- lokale Entropieproduktion auf Grund von Dissipation mechanischer Energie:

$$\dot{S}_{\mathrm{D}}''' = \frac{\eta}{T}\left[2\left\{\left(\frac{\partial u}{\partial x}\right)^2 + \left(\frac{\partial v}{\partial y}\right)^2 + \left(\frac{\partial w}{\partial z}\right)^2\right\} \right.$$
$$\left. + \left(\frac{\partial u}{\partial y} + \frac{\partial v}{\partial x}\right)^2 + \left(\frac{\partial u}{\partial z} + \frac{\partial w}{\partial x}\right)^2 + \left(\frac{\partial v}{\partial z} + \frac{\partial w}{\partial y}\right)^2\right] \quad (3.16)$$

An diesen Gleichungen wird deutlich, dass die lokalen Entropieproduktionsraten von den Stoffwerten λ (Wärmeleitfähigkeit) und η (dynamische Viskosität) abhängen, aber entscheidend auch vom Temperaturniveau, da ein Vorfaktor $1/T^2$ bzw. $1/T$ auftritt. Bei sonst gleichen Verhältnissen sind die Entropieproduktionsraten umso größer, je niedriger das Temperaturniveau T ist. Damit sind Niedertemperaturanwendungen mit besonders hohen Entropieproduktionsraten verbunden, also die in diesem Buch nicht behandelte Kältetechnik, aber auch z.B. ORC-Prozesse (vgl. Beispiel 4).

Es sei an dieser Stelle noch einmal betont, dass die Entropiebilanzgleichung (3.14) in einem bekannten Strömungs- und Temperaturfeld nicht explizit gelöst werden muss, um damit die spezifische Entropie in dem betrachteten Feld zu ermitteln. Alternativ zu Gleichung (3.14), die letztlich auf die thermodynamische Fundamentalgleichung für das beteiligte Fluid zurückgeht (vgl. dazu die Herleitung von Gl. (3.14)), kann auch die Entropie-Zustandsgleichung als Teil dieser Fundamentalgleichung herangezogen werden. In diesem Sinne ist s, wie bereits beschrieben, eine Postprocessing-Größe im Strömungs- und Temperaturfeld.

Im Zustandsbereich, der in guter Näherung durch das ideale Gasverhalten beschrieben werden kann, lautet diese Entropie-Zustandsgleichung mit dem Bezugszustand p_0, T_0

$$s(p,T) = s_0(p_0,T_0) + \overline{c_p{}^0} \ln \frac{T}{T_0} - R \ln \frac{p}{p_0} \qquad (3.17)$$

Dabei ist $\overline{c_p{}^0}$ eine mittlere spezifische Wärmekapazität (innerhalb eines bestimmten Temperaturbereiches), R ist die spezielle Gaskonstante. Gleichung (3.17) lässt erkennen, dass die spezifische Entropie bestimmt werden kann, sobald das Temperatur- und Druckfeld bekannt ist.

3.3 Die Energie-Bilanzgleichung

Im Folgenden soll die Energie-Bilanzgleichung für das infinitesimale Kontrollvolumen $dV = dx\,dy\,dz$ in kartesischen Koordinaten bereitgestellt und interpretiert werden. Bezüglich der detaillierten Herleitung sei auf Herwig (2006), Kap. 4.5.3 und 4.6.2 verwiesen. Ein wesentlicher Aspekt der physikalischen Interpretation ist die Rolle der Dissipation in der Energie-Bilanzgleichung.

Der Ausgangspunkt für die Aufstellung der Energiebilanz ist der erste Hauptsatz der Thermodynamik in einer gegenüber Gl. (3.1) etwas erweiterten Form. In dieser wird berücksichtigt, dass das Volumenelement dV eine Geschwindigkeit $\vec{v} = (u,v,w)$ und damit eine kinetische Energie besitzt. Weiterhin wird im Folgenden unterstellt, dass die Stoffwerte λ, ϱ, η und c_p konstant sind.

Es ist üblich, die Energie in Form der Gesamtenthalpie $H \equiv u + p/\varrho + \vec{v}^2/2$ zu bilanzieren. Für diese gilt, s. Herwig (2006):

$$\varrho \frac{DH}{Dt} = \lambda \left[\frac{\partial^2 T}{\partial x^2} + \frac{\partial^2 T}{\partial y^2} + \frac{\partial^2 T}{\partial z^2} \right] + \varrho \left[u\,g_x + v\,g_y + w\,g_z \right] + \frac{\partial p}{\partial t} + \mathcal{D} \qquad (3.18)$$

mit dem sog. Diffusionsterm $\mathcal{D}$ als

$$\mathcal{D} = \eta \left[\frac{\partial}{\partial x} \left(\frac{\partial u^2}{\partial x} + v \left(\frac{\partial u}{\partial y} + \frac{\partial v}{\partial x} \right) + w \left(\frac{\partial w}{\partial x} + \frac{\partial u}{\partial z} \right) \right) \right.$$
$$+ \frac{\partial}{\partial y} \left(\frac{\partial v^2}{\partial y} + u \left(\frac{\partial v}{\partial x} + \frac{\partial u}{\partial y} \right) + w \left(\frac{\partial v}{\partial z} + \frac{\partial w}{\partial y} \right) \right)$$
$$\left. + \frac{\partial}{\partial z} \left(\frac{\partial w^2}{\partial z} + u \left(\frac{\partial w}{\partial x} + \frac{\partial u}{\partial z} \right) + v \left(\frac{\partial v}{\partial z} + \frac{\partial w}{\partial y} \right) \right) \right] \qquad (3.19)$$

Zunächst erstaunlicherweise tritt in Gl. (3.18) kein expliziter Dissipationsterm auf. Erst wenn Gl. (3.18) in zwei Teilgleichungen aufgespalten wird[1], und zwar in die

- Mechanische Teilenergiegleichung:

$$\frac{\varrho}{2} \frac{\mathrm{D}}{\mathrm{D}t} \left[u^2 + v^2 + w^2 \right] = \left(\frac{\partial p}{\partial t} - \frac{\mathrm{D}p}{\mathrm{D}t} \right) + \mathcal{D} - \Phi + \varrho \left[u\,g_x + v\,g_y + w\,g_z \right] \quad (3.20)$$

- Thermische Teilenergiegleichung:

$$\varrho\,c_p \frac{\mathrm{D}T}{\mathrm{D}t} = \lambda \left[\frac{\partial^2 T}{\partial x^2} + \frac{\partial^2 T}{\partial y^2} + \frac{\partial^2 T}{\partial z^2} \right] + \Phi, \quad (3.21)$$

tritt explizit ein Dissipationsterm Φ auf, für den gilt

$$\Phi = 2\,\eta \left[\left(\frac{\partial u}{\partial x} \right)^2 + \left(\frac{\partial v}{\partial y} \right)^2 + \left(\frac{\partial w}{\partial z} \right)^2 \right]$$
$$+ \eta \left[\left(\frac{\partial v}{\partial x} + \frac{\partial u}{\partial y} \right)^2 + \left(\frac{\partial w}{\partial y} + \frac{\partial v}{\partial z} \right)^2 + \left(\frac{\partial w}{\partial x} + \frac{\partial u}{\partial z} \right)^2 \right] \quad (3.22)$$

Der Dissipationsterm Φ tritt explizit in Gl. (3.20) und (3.21) aber mit umgekehrtem Vorzeichen auf. Deshalb fällt er bei der Addition beider Gleichungen, die wieder auf die Gesamtenergiegleichung (3.18) führt, heraus. Dies ist Ausdruck der Tatsache, dass es sich bei der Dissipation um einen internen Umverteilungsprozess zwischen zwei Energieformen (mechanische und thermische Energie) handelt, der keine Auswirkung auf die Gesamtenergie-Menge hat.

Die Energie bleibt bei diesem Dissipationsprozess zwar erhalten, sie wird aber entwertet, da Exergie (mechanische Energie ist reine Exergie) zumindest teilweise in Anergie umgewandelt wird.

Ein Vergleich mit Gl. (3.16) ergibt

$$\Phi = T\,\dot{S}_{\mathrm{D}}'''. \quad (3.23)$$

Damit wird deutlich, dass die dissipierte Energie nicht vom Temperaturniveau abhängt, wohl aber die bei diesem Dissipationsprozess produzierte Entropie. Die kinetische Energie liegt nach dem Dissipationsprozess zunächst auf dem Temperaturniveau vor, auf dem sie dissipiert wurde. Bei höheren Temperaturen bleibt folglich ein größerer Exergieanteil erhalten und es tritt also auch eine geringere Entropieproduktion auf als bei niedrigeren Temperaturen.

---

[1]Diese Aufspaltung erfolgt, indem zunächst die Mechanische Teilenergiegleichung durch Multiplikation der Impulsgleichung mit dem Geschwindigkeitsvektor aufgestellt wird und anschließend die Thermische Teilenergiegleichung durch Subtraktion der Mechanischen Teilenergiegleichung von der Gesamtenergiegleichung entsteht.

3.3.1 Weitere Überlegungen zur mechanischen Teilenergiegleichung

Die mechanische Teilenergiegleichung (3.20) ist in den drei kartesischen Komponenten des Geschwindigkeitsvektors $\vec{v} = (u, v, w)$ formuliert. Für verschiedene Anwendungen bietet es sich aber an, sie in Richtung einer Stromlinie aufzuschreiben, entlang der ganz allgemein ein Geschwindigkeitsbetrag

$$c = \sqrt{u^2 + v^2 + w^2} \tag{3.24}$$

vorliegt, weil per Definition der Geschwindigkeitsvektor $\vec{v}$ tangential zur Stromlinie ausgerichtet ist.

Für die substantielle Ableitung D.../Dt in Gl. (3.20) gilt

$$\frac{\mathrm{D}...}{\mathrm{D}t} = \frac{\partial ...}{\partial t} + u\frac{\partial ...}{\partial x} + v\frac{\partial ...}{\partial y} + w\frac{\partial ...}{\partial z} = \frac{\partial ...}{\partial t} + \vec{v} \cdot \mathrm{grad}... \tag{3.25}$$

so dass Gl. (3.20) auch wie folgt geschrieben werden kann, wenn eine stationäre Strömung ($\partial .../\partial t = 0$) und weiterhin ein inkompressibles Fluid ($\varrho = $ const) unterstellt wird:

$$\varrho\vec{v} \cdot \mathrm{grad}\left(\frac{c^2}{2} + \frac{p}{\varrho} + \psi_{\mathrm{pot}}\right) = \mathcal{D} - \Phi \tag{3.26}$$

Dabei ist mit ψ_{pot} das Schwere-Potenzial $\psi_{\mathrm{pot}} = -\vec{g}\cdot\vec{x} + \psi_{\mathrm{pot,B}}$ eingeführt worden, bei dem der Ortsvektor von einem Bezugspunkt aus zählt, in dem $\psi_{\mathrm{pot,B}}$ gilt.

Mit $\vec{g} = g \cdot \vec{g}_{\mathrm{E}}$, und $\vec{g}_{\mathrm{E}}$ als Einheitsvektor in Richtung von $\vec{g}$, gilt $\psi_{\mathrm{pot}} = gz$, wenn die z-Koordinate gegen den Schwerevektor $\vec{g}$ zeigt und der Bezugswert $\psi_{\mathrm{pot,B}}$ zu null gesetzt wird. Dies ist zulässig, weil im weiteren nur Potenzialdifferenzen interessieren, für die sich der Bezugswert „herauskürzt".

In Gl. (3.26) ist der Klammerausdruck $c^2/2 + p/\varrho + gz$ die sog. *Bernoulli-Konstante*, die ein Maß für die spezifische (d.h. massenbezogene) mechanische Energie in einem offenen, durchströmten System darstellt. Da mechanische Energie vollständig aus Exergie besteht, ist die Bernoulli-Konstante gleichzeitig auch ein Maß für die Exergie des betrachteten Systems.

Wenn in Gl. (3.26) $\mathcal{D} = 0$ und $\Phi = 0$ gesetzt wird, reduziert sich die mechanische Teilenergiegleichung auf die sog. *Bernoulli-Gleichung*

$$\frac{c^2}{2} + \frac{p}{\varrho} + gz = \text{const} \tag{3.27}$$

Diese Gleichung gilt zunächst entlang einer Stromlinie bzw. eines Stromfadens mit dem infinitesimalen Querschnitt dA. Im Sinne einer eindimensionalen Näherung kann der Übergang von dA auf eine endliche Querschnittsfläche A erfolgen, was dann als *Stromröhren-Theorie* bezeichnet wird.

Gleichung (3.27) gilt, wenn keine (Exergie-)Verluste durch Dissipation auftreten, d.h. wenn $\Phi = 0$ gilt, und wenn zusätzlich $\mathcal{D} = 0$ sichergestellt ist. Eine genauere Analyse des Terms $\mathcal{D}$ gemäß Gl. (3.19) ergibt, dass dieser letztlich den Transport von Energie über die Systemgrenze in Form von Arbeit beschreibt. Er ist damit positiv, wenn zwischen zwei betrachteten Strömungsquerschnitten eine Pumpe installiert ist und entsprechend negativ, wenn stattdessen eine Turbine vorhanden ist.

In einer erweiterten Form der Bernoulli-Gleichung wird den beiden Einflüssen (Dissipation und Arbeitsleistung) Rechnung getragen, indem die Gesamtwirkung zwischen zwei Querschnitten ① und ② als φ_{12} (spezifische Dissipation) bzw. w_{t12} (spezifische technische Arbeit) eingeführt wird. Damit gilt als Erweiterung gegenüber Gl. (3.27)

$$\frac{c_2^2}{2} + \frac{p_2}{\varrho} + gz_2 = \frac{c_1^2}{2} + \frac{p_1}{\varrho} + gz_1 + w_{t12} - \varphi_{12} \qquad (3.28)$$

Mit φ_{12} werden in Gl. (3.28) die (Exergie-)Verluste zwischen zwei Querschnitten pauschal erfasst. In der Praxis wird φ_{12} über sog. *Verlust-Beiwerte* ζ als

$$\varphi_{12} = \zeta \frac{c^2}{2} \qquad (3.29)$$

eingeführt. Die Verlust-Beiwerte werden in der Regel empirisch ermittelt, können aber auch durch die Integration der Entropieproduktion im System bestimmt werden, wie in Kap. 7 gezeigt wird.

Bei der Herleitung war bisher $\varrho = $ const unterstellt worden. Für ein kompressibles Fluid ergibt eine analoge Vorgehensweise die Beziehung (mit $v = 1/\varrho$)

$$\frac{c_2^2}{2} + gz_2 = \frac{c_1^2}{2} + gz_1 + w_{t12} - \varphi_{12} - \int_1^2 v \, dp \qquad (3.30)$$

die für $v = $ const in Gl. (3.28) übergeht. Da in Gl. (3.30) eine Integration über das spezifische Volumen v vorkommt, und v von der Temperatur T abhängt, muss die thermische Teilenergiegleichung ebenfalls herangezogen werden. Deshalb ist es üblich, bei kompressiblen Strömungen von vorne herein die Gesamtenergiegleichung zu verwenden, die sich im Rahmen der Stromfaden- bzw. Stromröhrentheorie als Summe der Gleichungen (3.30) und (3.32) ergibt.

3.3.2 Weitere Überlegungen zur thermischen Teilenergiegleichung

Mit einem ähnlichen Übergang von der differentiellen Formulierung der thermischen Teilenergiegleichung (3.21) auf eine Formulierung entlang einer Stromlinie bzw. Stromröhre, wie dies zuvor für die mechanische Teilenergiegleichung gezeigt worden war, ergibt sich mit $\Phi = 0$ und $\lambda = 0$ aus Gl. (3.21)

$$h_2 - h_1 - \int_1^2 v \, dp = 0 \qquad (3.31)$$

Dies ist die thermische Energiebilanz für eine Stromröhre zwischen zwei Querschnitten ① und ②, wenn kein Wärmestrom auftritt ($\lambda = 0$) und wenn keine Dissipation vorhanden ist ($\Phi = 0$).

Beide Effekte können pauschal hinzugenommen werden, indem ein spezifischer Wärmestrom (über die Systemgrenze) q_{12} und eine spezifische Dissipation φ_{12} eingeführt werden. Als Erweiterung von Gl. (3.31) gilt dann

$$h_2 - h_1 - \int_1^2 v \, \mathrm{d}p = q_{12} + \varphi_{12} \tag{3.32}$$

Ganz anschaulich erhöht sich die thermische Energie zwischen den Querschnitten ① und ②, wenn dort Energie in Form von Wärme zugeführt wird ($q_{12} > 0$) und wenn durch Dissipation eine Umverteilung von mechanischer in thermische Energie stattfindet (beachte φ_{12} ist stets positiv).

Gleichung (3.32) kann mit Hilfe von $\mathrm{d}(pv) = p \, \mathrm{d}v + v \, \mathrm{d}p$ und der Enthalpiedefinition $h = u + pv$ umgeformt werden und lautet dann

$$u_2 - u_1 = q_{12} + \varphi_{12} - \int_1^2 p \, \mathrm{d}v \tag{3.33}$$

Etwas anschaulicher als mit der Enthalpie in Gl. (3.32) ist hier erkennbar, dass die innere Energie auf drei Wegen verändert werden kann:

1. Durch einen Wärmeübergang zwischen ① und ② mit $q_{12} > 0$ oder $q_{12} < 0$; im adiabaten Fall gilt $q_{12} = 0$.

2. Durch das Auftreten von Dissipation zwischen ① und ②, wobei stets $\varphi_{12} > 0$ gilt; im reibungsfreien Fall gilt $\varphi_{12} = 0$.

3. Durch Kompression ($\mathrm{d}v < 0$) oder Expansion ($\mathrm{d}v > 0$) des geförderten Fluides zwischen ① und ②; für ein inkompressibles Fluid gilt $\mathrm{d}v = 0$.

Beispiel 3: Bestimmung des Exergieanteils u^{E} der spezifischen inneren Energie u

In diesem Beispiel wird gezeigt, wie der Exergieanteil der inneren Energie durch die Analyse eines Prozesses, der auf den Umgebungszustand führt, bestimmt werden kann.

In Tab. 2.1 in Abschnitt 2.5 ist der nicht unmittelbar anschauliche bzw. nachvollziehbare Exergieanteil u^{E} der spezifischen inneren Energie u angegeben worden. Dieser kann aus Gl. (3.33) mit folgender Überlegung bestimmt werden.

Als Zustand ① wird ein beliebiger Zustand angenommen, während Zustand ② dem Umgebungszustand mit den Druck- und Temperaturwerten p_{U} bzw. T_{U} entspricht. Der Übergang vom beliebigen Zustand ① mit der spezifischen Energie u

auf den Zustand ② mit u_U ist ein Prozess, bei dem Energie in Form von Arbeit und Wärme über die Systemgrenze fließt. Es wird nun für die Herleitung ein spezieller Prozess angenommen. Die daraus folgende Verknüpfung der Zustandsgrößen gilt aber ganz allgemein, da Zustandsgrößen grundsätzlich prozessunabhängig sind.

- Der Prozess läuft verlustfrei ab, d.h. es gilt $\varphi_{12} = 0$

- Die Wärmeübertragung q_{12} erfolgt bei der Temperatur T_U, d.h. die spezifische Wärme $q_{12} = T_U(s_U - s)$ besteht ausschließlich aus Anergie.

Schreibt man zusätzlich den Integralterm in Gl. (3.33), der als spezifische Volumenänderungsarbeit w_V interpretiert werden kann, als

$$\underbrace{\int_1^2 p\,\mathrm{d}v}_{-w_V} = \underbrace{\int_1^2 (p - p_U)\,\mathrm{d}v}_{\substack{-w_N \text{ für } p > p_U \text{ mit } -w_N = u^E \\ +w_N \text{ für } p < p_U \text{ mit } +w_N = u^E}} + \int_1^2 p_U\,\mathrm{d}v \qquad (3.34)$$

so entsteht der Term w_N für die spezifische Nutzarbeit, die in dem Prozess umgesetzt wird.

Bezüglich der Vorzeichen muss folgende Überlegung angestellt werden:

- Für $p > p_U$ muss ein Expansionsprozess vorliegen ($\mathrm{d}v > 0$), damit im Zustand ② der Umgebungszustand erreicht wird. Dann ist w_N negativ, weil dem System Energie in Form von Arbeit entzogen wird.

- Für $p < p_U$ muss ein Kompressionsprozess vorliegen ($\mathrm{d}v < 0$), damit im Zustand ② der Umgebungszustand erreicht wird. Dann ist w_N positiv, weil dem System Energie in Form von Arbeit zugeführt wird.

Die Nutzarbeit entspricht betragsmäßig genau dem Exergiegehalt im System (Arbeitsfähigkeit). Der Exergiegehalt ist stets eine positive Größe, was in der Fallunterscheidung für den Nutzarbeitsterm in Gl. (3.34) zum Ausdruck kommt.

Mit den Annahmen bzgl. φ_{12} und q_{12} sowie den Umformungen (3.34) wird aus Gl. (3.33) jetzt

$$u_U - u = T_U(s_U - s) - u^E - p_U(v_U - v) \qquad (3.35)$$

bzw. genau in der Form von Tab. 2.1

$$u^E = u - u_U - T_U(s - s_U) + p_U(v - v_U) \qquad (3.36)$$

Teil A

Entropie und konzeptionelle Überlegungen

4 Verluste in technischen Prozessen allgemein

Technische Prozesse verlaufen stets „verlustbehaftet". In diesem Zusammenhang geht es generell darum, zu klären

- worin genau die Verluste bestehen

- wie sie quantitativ erfasst werden können

- durch welche Maßnahmen sie ggf. verringert werden können.

Als einheitliche Beschreibung dessen, was Verluste in technischen Prozessen sind, bietet sich letztlich nur die irreversible Veränderung der Entropie an, die in Abschnitt 2.5 als $d_{pro}S \geq 0$ eingeführt worden war. Mit der anschaulicheren Darstellung der irreversiblen Entropieproduktion als Exergieverlust wird sehr deutlich, worin Verluste in technischen Prozessen bestehen.

Definition: Verluste in technischen Prozessen

Verluste in technischen Prozessen sind *Exergieverluste* als Folge von Entropieproduktionen in und während dieser Prozesse.

Im Sinne des im Abschnitt 2.7 beschriebenen Zusammenhanges gehen Verluste in technischen Prozessen damit stets einher mit

- einer Entwertung der Energie

- einer Verminderung der Arbeitsfähigkeit der Energie

In den meisten technischen Prozessen wird man diese (Exergie-) Verluste so gering wie möglich halten wollen, weil sie prozessbegleitende, unerwünschte und damit *prozessabträgliche* Erscheinungen sind. So führt etwa der (Gesamt-) Druckverlust durch Dissipation in einer Rohrströmung dazu, dass mit einer Pumpe eine kompensierende Druckerhöhung aufgebaut werden muss. Je größer der (Gesamt-) Druckverlust ist, umso mehr mechanische Leistung muss zur Förderung des Massenstroms in der Rohrleitung aufgebracht werden.

Es gibt aber auch Situationen, in denen die Exergieverluste sehr eng mit dem eigentlichen Ziel des Prozesses verbunden sind und somit *prozessrelevante* Erscheinungen darstellen. Zum Beispiel wird ein elektrisch betriebener Heizradiator eingesetzt, um die durch Dissipation elektrischer Energie (also reiner Exergie) erzeugte innere Energie (weitgehend Anergie) in Form von Wärme zu Heizzwecken zu nutzen. Die Exergieverluste sind hierbei also ein gewünschter, wesentlicher Teil des Prozesses und damit prozessrelevant. Es bleibt allerdings, dass hierbei auch wieder eine (erhebliche) Energieentwertung stattfindet, so dass die Frage nahe liegt, ob der Prozesszweck (Heizen) nicht auf eine weniger „energieentwertende" Weise möglich ist. Diese Überlegungen zeigen, dass Exergieverluste generell einer Energieentwertung entsprechen, dass diese aber sowohl prozessabträglich als auch prozessrelevant sein kann.

Wenn nun aus übergeordneten (z.B. ökologischen) Motiven eine Energieentwertung grundsätzlich so weit wie möglich vermieden werden soll, so wird man versuchen

- Prozesse, bei denen Exergieverluste als prozessabträgliche „Nebenerscheinung" auftreten, so zu modifizieren dass die Exergieverluste verringert werden.

- Prozesse, bei denen Exergieverluste als prozessrelevante Teile des Prozesses auftreten, durch andere Prozesse zu ersetzen, bei denen das Prozessziel mit einer geringeren Energieentwertung erreicht werden kann.

Die nachfolgende Tabelle enthält Beispiele für beide Kategorien. An dieser Stelle werden die Prozesse und Maßnahmen nur stichwortartig benannt.

Tabelle 4.1: Möglichkeiten zur Verringerung der Energieentwertung

Prozess-Modifikation (prozessabträgliche Exergieverluste)

PROZESS	MODIFIKATION
Strömung in rauen Rohren	Strömung in glatten Rohren
Konvektiver Wärmeübergang	Wärmeübergang mit Phasenwechsel
Strömung in engen Rohren	Strömung in weiten Rohren
Wärmeübergang bei kleiner Übertragungsfläche	Wärmeübergang bei großer Übertragungsfläche

Prozess-Alternativen (prozessrelevante Exergieverluste)

PROZESS	ALTERNATIVE
Heizen mit einem elektrischen Radiator	Heizen mit einer Wärmepumpe
Heizen durch Energie- und Stoffumwandlung	Nutzung von Abwärme aus anderen Prozessen
Bremsen mit einer Scheibenbremse	Bremsen mit einem Elektromotor im Generatorbetrieb
Energieumwandlung mit Verbrennung	Energieumwandlung in Brennstoffzellen

5 Verluste in Strömungsprozessen

Wie im vorigen Kapitel ausgeführt, handelt es sich bei Strömungsverlusten um Exergieverluste. In Strömungsprozessen entstehen diese durch die Dissipation mechanischer Energie unter Berücksichtigung des jeweiligen Temperaturniveaus.

Definition: Dissipation mechanischer Energie

Bei der Dissipation mechanischer Energie wird diese in einem weitgehend irreversiblen Prozess in innere Energie umgewandelt. Diese innere Energie besteht nur noch in dem Maße aus Exergie, in dem ihre Temperatur und ihr Druck von den Umgebungswerten T_U, p_U abweichen.

Es handelt sich bei der Dissipation um einen internen Umverteilungsprozess, von dem die thermodynamische Gesamtenergie bzgl. ihrer Menge unbeeinflusst bleibt. Deshalb kann die Dissipation auch nur auf der Basis der Teilenergiegleichungen (für mechanische und thermische Energie) berechnet werden. Nur in diesen Teilenergie-Gleichungen tritt ein expliziter Dissipationsterm mit jeweils unterschiedlichem Vorzeichen auf.

Durch den Dissipationsprozess wird die mechanische Energie (reine Exergie) stark entwertet, da sie zu großen Teilen in Anergie umgewandelt wird. Es verbleibt je nach Temperatur- und Druckniveau ein bestimmter Exergieanteil, wenn die innere Energie nicht bei T_U und p_U vorliegt. Dieser Anteil entspricht dem Exergieanteil u^E der inneren Energie, der in Tab. 2.1 und in Beispiel 3 bereits bereitgestellt wurde. Er lautet

$$u^E = u - u_U - T_U(s - s_U) + p_U(v - v_U) \qquad (5.1)$$

Im Sinne der konzeptionellen Überlegungen in diesem Teil A des Buches interessieren im Weiteren die Fragen, in welchen Grenzfällen Verluste im Zusammenhang mit Strömungsprozessen ausbleiben und damit verlustfreie Strömungen vorliegen und wie eine Bewertung vorhandener Verluste erfolgen soll.

5.1 Der Grenzfall verlustfreier Strömungen

Um zu entscheiden, wann Strömungen ohne Verluste möglich sind, sollen zunächst die Gleichungen betrachtet werden, durch die das Strömungsfeld beschrieben wird. Für ein Newtonsches Fluid sind dies die Navier–Stokes-Gleichungen. Unterstellt man konstante Stoffwerte, und damit auch eine konstante Dichte, also inkompressible Strömungen, so lauten diese Gleichungen (s. Herwig, 2006, dort Abschnitt 4.7)

$$\frac{\partial u}{\partial x} + \frac{\partial v}{\partial y} + \frac{\partial w}{\partial z} = 0 \tag{5.2}$$

$$\varrho \frac{Du}{Dt} = \varrho g_x - \frac{\partial p}{\partial x} + \eta \left(\frac{\partial^2 u}{\partial x^2} + \frac{\partial^2 u}{\partial y^2} + \frac{\partial^2 u}{\partial z^2} \right) \tag{5.3}$$

$$\varrho \frac{Dv}{Dt} = \varrho g_y - \frac{\partial p}{\partial y} + \eta \left(\frac{\partial^2 v}{\partial x^2} + \frac{\partial^2 v}{\partial y^2} + \frac{\partial^2 v}{\partial z^2} \right) \tag{5.4}$$

$$\varrho \frac{Dw}{Dt} = \varrho g_z - \frac{\partial p}{\partial z} + \eta \left(\frac{\partial^2 w}{\partial x^2} + \frac{\partial^2 w}{\partial y^2} + \frac{\partial^2 w}{\partial z^2} \right) \tag{5.5}$$

Hier ist D.../Dt die formale Abkürzung für die aufwendigere Formulierung bei der hier vorliegenden Eulerschen (ortsfesten) Betrachtungsweise, s. Gl. (3.13).

Verluste sind physikalisch die Folge der Wirkung von Reibungskräften. Diese wiederum treten im Zusammenhang mit der Viskosität η des Fluides auf. In den Navier–Stokes-Gleichungen, die auch als eine Kräftebilanz interpretiert werden können (Newtonsches Axiom: zeitliche Änderung des Impulses = Summe der angreifenden Kräfte) sind die Reibungskräfte offensichtlich durch die jeweils letzten drei Terme auf den rechten Seiten von Gl. (5.3) bis (5.5) beschrieben. Der in diesem Zusammenhang auftretende *viskose Spannungstensor* lautet

$$\vec{\vec{\tau}} = \eta \begin{bmatrix} 2\dfrac{\partial u}{\partial x} & \dfrac{\partial u}{\partial y} + \dfrac{\partial v}{\partial x} & \dfrac{\partial u}{\partial z} + \dfrac{\partial w}{\partial x} \\[2ex] \dfrac{\partial u}{\partial y} + \dfrac{\partial v}{\partial x} & 2\dfrac{\partial v}{\partial y} & \dfrac{\partial v}{\partial z} + \dfrac{\partial w}{\partial y} \\[2ex] \dfrac{\partial u}{\partial z} + \dfrac{\partial w}{\partial x} & \dfrac{\partial v}{\partial z} + \dfrac{\partial w}{\partial y} & 2\dfrac{\partial w}{\partial z} \end{bmatrix} \tag{5.6}$$

Reibungsfreie Strömungen liegen offensichtlich vor, wenn für diesen Spannungstensor $\vec{\vec{\tau}} = 0$ gilt. Dies ist der Fall für $\eta = 0$, aber auch, wenn der Klammerausdruck in $\vec{\vec{\tau}}$ zu null wird.

Eine genauere Analyse dieses Klammerausdrucks ergibt, dass er genau dann zu null wird, wenn eine drehungsfreie Strömung vorliegt, d.h. wenn für den Drehungsvektor

$$\vec{\omega} \equiv \left(\frac{\partial w}{\partial y} - \frac{\partial v}{\partial z}, \frac{\partial u}{\partial z} - \frac{\partial w}{\partial x}, \frac{\partial v}{\partial x} - \frac{\partial u}{\partial y} \right) = 0 \tag{5.7}$$

gilt (s. dazu Herwig, 2006, dort Anmerkung 8.1).

Es stellt sich weiterhin heraus, dass für solche Strömungen ein Potenzial $\hat{\Phi}(x, y, z)$ als skalare Funktion existiert, aus dem das Strömungsfeld unmittelbar durch die ersten Ableitungen folgt, d.h. es gilt für den Geschwindigkeitsvektor $\vec{v} = (u, v, w)$

$$\vec{v} = \left(\frac{\partial \hat{\Phi}}{\partial x}, \frac{\partial \hat{\Phi}}{\partial y}, \frac{\partial \hat{\Phi}}{\partial z} \right) \tag{5.8}$$

Solche *Potenzialströmungen* sind offensichtlich reibungsfreie Strömungen, da die Reibungskräfte in Gl. (5.3) bis (5.5) entfallen.

Diese Aussage gilt zunächst auch für eine Situation, in der die Viskosität η von null verschieden ist, da die unterstellte Drehungsfreiheit ausreicht, um den Spannungstensor $\vec{\vec{\tau}}$ zu null werden zu lassen. Dann tritt aber eine von null verschiedene Entropieproduktion aufgrund von Dissipation auf, weil für den Dissipationsterm in der Entropie-Bilanzgleichung weiterhin

$$\frac{\Phi}{T} = \frac{\eta}{T} \left[2 \left\{ \left(\frac{\partial u}{\partial x} \right)^2 + \left(\frac{\partial v}{\partial y} \right)^2 + \left(\frac{\partial w}{\partial z} \right)^2 \right\} \right.$$
$$\left. + \left(\frac{\partial u}{\partial y} + \frac{\partial v}{\partial x} \right)^2 + \left(\frac{\partial u}{\partial z} + \frac{\partial w}{\partial x} \right)^2 + \left(\frac{\partial v}{\partial z} + \frac{\partial w}{\partial y} \right)^2 \right] \tag{5.9}$$

gilt.

Es entsteht hier die Frage, ob eine drehungs- und damit reibungsfreie Strömung verlustbehaftet sein kann, bzw. ob es in einer drehungs- und damit reibungsfreien Strömung weiterhin zur Dissipation von mechanischer Energie kommen kann.

Entscheidend hierfür ist, ob es bei einem Fluid mit endlicher Viskosität überhaupt zu einer drehungsfreien Strömung kommen kann. Physikalisch ist die Drehung stets eine Folge von reibungsbehafteten Strömungen, so dass Drehungsfreiheit nur auftritt wenn Reibungsfreiheit vorliegt. Wenn ein Fluid aber eine endliche Viskosität besitzt, und Geschwindigkeitsgradienten auftreten (beachte: nur dann tritt gemäß Gl. (5.9) auch Dissipation auf), dann entstehen auch Schubspannungen und damit Reibungskräfte.

Somit gibt es Reibungsfreiheit und damit Drehungsfreiheit nur in Fluiden mit $\eta = 0$. Es handelt sich dabei um Modellfluide, mit denen Strömungen in bestimmten Sonderfällen in guter Näherung berechnet werden können. Solche Modellfluide werden zur näherungsweisen Beschreibung realer Situationen herangezogen.

Definition: Strömungsmechanisch ideale Fluide

Strömungsmechanisch ideale Fluide besitzen keine Viskosität und strömen deshalb reibungsfrei und ohne Exergieverluste aufgrund von Dissipation.

Eine sinnvolle Näherung besteht aber nicht darin, ein reales Fluid per se und insgesamt durch ein ideales Fluid zu approximieren. Stattdessen werden reale Fluide in bestimmten Situationen bzw. auch nur in bestimmten Teilbereichen eines Strömungsfeldes durch die Strömung eines idealen Fluides angenähert.

Ein prominentes Beispiel in diesem Zusammenhang sind Grenzschichtströmungen um einen Körper, wie z.B. ein Flugzeug oder ein U-Boot. In unmittelbarer Wandnähe verhält sich jedes reale Fluid (egal, welche Viskosität es besitzt) wie ein reibungsbehaftetes Fluid mit $\eta \neq 0$. In größerer Entfernung von der Wand kann die Strömung des selben Fluides aber in guter Näherung durch die Strömung eines idealen Fluides approximiert werden. Es handelt sich in diesen Bereichen des Strömungsfeldes dann um eine reibungs- und damit verlustfreie Strömung, die in vielen Fällen als Potenzialströmung modelliert werden kann. Entropieproduktion bzw. Exergieverluste treten in einem solchen Strömungsfeld damit nur in den Grenzschichten bzw. abgehenden freien Scherschichten auf.

5.2 Die Bewertung verlustbehafteter Strömungen

Um reale Strömungen bzgl. ihrer Verluste kennzeichnen zu können, werden sog. Widerstands- oder Verlust-Beiwerte eingeführt. Dies soll am Beispiel der Verlust-Beiwerte für durchströmte Bauteile erläutert werden, bei denen alle Verluste zwischen den Querschnitten ① und ② auftreten.

Definition: Verlust-Beiwert ζ_{12}

Das Verhältnis

$$\zeta_{12} \equiv \frac{\varphi_{12}}{c^2/2} \tag{5.10}$$

aus der spezifischen Dissipation zwischen zwei Querschnitten ① und ② und der spezifischen kinetischen Energie, gebildet mit der mittleren Geschwindigkeit c in einem definierten Querschnitt eines Bauteils, stellt den Verlust-Beiwert des zwischen ① und ② angeordneten Bauteils dar.

Physikalisch handelt es sich bei φ_{12} um einen Verlust an mechanischer Energie, was auch als Gesamtdruckverlust bezeichnet werden kann.[1]

Mit dem Zusammenhang (3.23) für die lokalen Werte der Dissipation bzw. Entropieproduktion, $\Phi = T\dot{S}_{\mathrm{D}}'''$, ergibt sich mit

$$\dot{m}\varphi_{12} = \int_{V_{12}} \Phi \, \mathrm{d}V = \int_{V_{12}} T\dot{S}_{\mathrm{D}}''' \, \mathrm{d}V \approx T\dot{S}_{\mathrm{D}12} \tag{5.11}$$

als Integration über das Volumen zwischen ① und ② für den Verlust-Beiwert:

$$\zeta_{12} = \frac{T\dot{S}_{\mathrm{D}12}}{\dot{m} \, c^2/2} \tag{5.12}$$

---

[1] Im Spezialfall einer horizontalen ausgebildeten Rohr- oder Kanalströmung gilt $\varphi_{12} = (p_1 - p_2)/\varrho$, so dass anstelle der Dissipation ein „Druckverlust" Δp in Gl. (5.10) eingeführt werden kann. Wenn dann die Bezeichnung *Druckverlust-Beiwert* gewählt wird, so gilt dies nur für diesen Spezialfall. Eine allgemein korrekte Bezeichnung ist *Gesamtdruckverlust-Beiwert* (engl.: head loss coefficient).

Dabei ist unterstellt worden, dass die Temperatur im Volumen V_{12} als konstant approximiert werden kann und nicht mehr im Integral erscheint. $\dot{S}_{D12}$ ist dann die gesamte Entropieproduktion im Volumen V_{12}.

Im Zusammenhang mit Gl. (5.12) sind zwei Aspekte von Bedeutung:

- Der ζ_{12}-Wert erfasst bei einer Integration über V_{12} nur die Verluste, die im Bauteil selbst auftreten. Häufig gibt es aber Auswirkungen stromauf- und stromabwärts, die sich in erhöhten Verlusten gegenüber dem ungestörten Fall äußern. Diese müssen dann ebenfalls dem ζ-Wert des Bauteils zugeschlagen werden, s. dazu die späteren Beispiele 9 und 11.

- Gemäß dem Gouy–Stodola-Theorem (2.4) geht mit einer Entropieproduktionsrate $\dot{S}_{D12}$ ein Exergieverlust $T_U \dot{S}_{D12}$ einher. Damit ist der ζ-Wert gemäß Gl. (5.12) nur für $T = T_U$ ein Maß für den Exergieverlust des Bauteils.

Um neben dem Verlust-Beiwert ζ_{12}, der ein Maß für die Dissipation mechanischer Energie ist, auch den Exergieverlust bewerten zu können, muss eine zweite Kennzahl eingeführt werden. Diese wird *Exergieverlust-Beiwert* ζ_{12}^E genannt.

Definition: Exergieverlust-Beiwert ζ_{12}^E

Das Verhältnis

$$\zeta_{12}^E \equiv \frac{T_U \dot{S}_{D12}/\dot{m}}{c^2/2} \qquad (5.13)$$

aus dem spezifischen Exergieverlust zwischen zwei Querschnitten ① und ② und der spezifischen kinetischen Energie, gebildet mit der mittleren Geschwindigkeit c in einem definierten Querschnitt eines Bauteils stellt den Exergieverlust-Beiwert des zwischen ① und ② angeordneten Bauteils dar.

Zu Einzelheiten dieser Definition s. Herwig u. Wenterodt (2011b). Ein Vergleich mit dem ζ_{12}-Wert nach Gl. (5.10) ergibt

$$\zeta_{12}^E = \frac{T_U}{T} \zeta_{12} \qquad (5.14)$$

Für $T = T_U$ sind beide Beiwerte identisch, so dass dieser Fall die Basis für eine Bestimmung des Verlust-Beiwertes ζ_{12} durch Integration der lokalen Entropieproduktionsrate darstellt, s. dazu das spätere Beispiel 9.

6 Verluste bei der Wärmeübertragung

Exergieverluste in Wärmeübertragungsprozessen entstehen aufgrund von Wärmeleitung in Richtung abnehmender Temperatur. In diesem Zusammenhang wird
hier nur die zugehörige Entropieproduktion im Temperaturfeld betrachtet. Handelt es sich um einen konvektiven Wärmeübergang in einem Strömungsfeld, so
tritt zusätzlich noch Entropieproduktion durch Dissipation auf. Grundsätzliche
Überlegungen dazu sind bereits im vorherigen Abschnitt angestellt worden. Sie
werden deshalb hier nicht erneut aufgegriffen.

Auch bei der Wärmeübertragung soll, wie zuvor bei den Strömungsprozessen,
im Sinne von konzeptionellen Überlegungen den Fragen nachgegangen werden,
unter welchen Umständen eine verlustfreie Wärmeübertragung vorliegt bzw. vorliegen würde, und wie eine Bewertung vorhandener Verluste erfolgen soll.

Zunächst ist dabei zu beachten, dass für die Wärmestromdichte unter der Annahme einer Fourierschen Wärmeleitung gilt

$$\vec{q} = -\lambda \operatorname{grad} T \tag{6.1}$$

bzw. in Komponentenschreibweise

$$\begin{pmatrix} \dot{q}_x \\ \dot{q}_y \\ \dot{q}_z \end{pmatrix} = -\lambda \begin{pmatrix} \partial T/\partial x \\ \partial T/\partial y \\ \partial T/\partial z \end{pmatrix} \tag{6.2}$$

Im Folgenden soll ein Wärmeübertragungsprozess als typischer Prozess seiner Art
vorliegen, bei dem auf einem endlichen Teil der Kontrollraumgrenze $\hat{A}$ die thermi-
sche Randbedingung $\dot{q}_\mathrm{W}$ herrscht und insgesamt ein Wärmestrom $\dot{Q}_\mathrm{W} = \int \dot{q}_\mathrm{W} \mathrm{d}\hat{A}$
auftritt.

6.1 Der Grenzfall verlustfreier Wärmeübertragung

Die Entropie-Bilanzgleichung (3.14) im Abschnitt 3.2 zeigt mit der dortigen Termgruppe ④ die Entropieproduktion im Zusammenhang mit der Wärmeleitung. Für
diese Termgruppe gilt, vgl. Gl. (3.15)

$$\dot{S}_{\mathrm{WL}}''' = \frac{\lambda}{T^2} \left[\left(\frac{\partial T}{\partial x} \right)^2 + \left(\frac{\partial T}{\partial y} \right)^2 + \left(\frac{\partial T}{\partial z} \right)^2 \right]$$

$$= -\frac{1}{T^2} \left(\dot{q}_x \frac{\partial T}{\partial x} + \dot{q}_y \frac{\partial T}{\partial y} + \dot{q}_z \frac{\partial T}{\partial z} \right) \tag{6.3}$$

Daran wird deutlich, dass bei Vorgabe einer bestimmten Wärmestromdichte $(\dot{q}_x, \dot{q}_y, \dot{q}_z)$, d.h. für einen bestimmten Wärmeübergang, die damit verbundene Entropieproduktion umso geringer ist, je kleiner die Temperaturgradienten sind. Im Grenzfall $(\partial T/\partial x, \partial T/\partial y, \partial T/\partial z) \to 0$ für $(\dot{q}_x, \dot{q}_y, \dot{q}_z) \neq 0$ liegt eine verlustfreie Wärmeübertragung vor, die als *reversible Wärmeübertragung* bezeichnet wird. Es handelt sich dabei um einen idealisierten Grenzfall, der real nicht erreicht werden kann, dem man sich aber prinzipiell beliebig annähern kann.

Definition: Reversible Wärmeübertragung

Eine Wärmeübertragung mit Wärmestromdichten $\vec{\dot{q}} = (\dot{q}_x, \dot{q}_y, \dot{q}_z) \neq 0$ bei konstanter Temperatur wird als *reversible Wärmeübertragung* bezeichnet. Eine Entwertung der dabei übertragenen Energie findet nicht statt. Entropieänderungen $\mathrm{d}S$ gehen ausschließlich auf Transportprozesse zurück, d.h. es gilt $\mathrm{d}S = \mathrm{d}_{\mathrm{trans}}S$ und $\mathrm{d}_{\mathrm{pro}}S = 0$.

Der auf dem Flächenelement $\mathrm{d}\hat{A}$ reversibel übertragene (infinitesimale) Wärmestrom $\delta\dot{Q}_{\mathrm{rev}}$ führt zu einer zeitlichen Veränderung der Entropie im System von

$$\mathrm{d}_{\dot{Q}_{\mathrm{rev}}}\dot{S} = \mathrm{d}_{\mathrm{trans}}\dot{S} = \frac{\delta\dot{Q}_{\mathrm{rev}}}{T_{\mathrm{SG}}} \tag{6.4}$$

mit T_{SG} als Temperatur an der Systemgrenze.

Gleichung (6.4) ist ein wesentlicher Teil des 2. Hauptsatzes der Thermodynamik, mit dem die Entropie als Zustandsgröße eingeführt wird.

Die Definition der reversiblen Wärmeübertragung gilt zunächst für den Gesamtprozess der Wärmeübertragung ohne Entropieproduktion. Definitionsgemäß ist dabei die Temperatur im gesamten System konstant, so dass in Gl. (6.4) die Spezifikation der Temperatur als derjenigen an der Systemgrenze entfallen könnte. Diese Spezifikation erhält allerdings ihre Bedeutung im Zusammenhang mit der realen, irreversiblen Wärmeübertragung, die anschließend behandelt wird.

Zur Erläuterung der zunächst schwer verständlichen Situation einer reversiblen Wärmeübertragung mögen folgende Aspekte dienen:

- Die Erfahrung besagt, dass ein Wärmestrom nur dann fließt, wenn Temperaturunterschiede vorhanden sind. Solche Temperaturdifferenzen ΔT werden dann als *treibende Temperaturdifferenz* bezeichnet. Ein empirischer Ansatz zur Beschreibung einer solchen realen Wärmeübertragung lautet (s. dazu z.B. Herwig u. Moschallski, 2009)

$$\dot{Q} = \hat{A}\,\alpha\,\Delta T \qquad (6.5)$$

mit α als einem sog. *Wärmeübergangskoeffizienten* (Die genaue Definition erfolgt anschließend). Je größer dieser Koeffizient ist, umso intensiver ist der Wärmeübergang bei gleicher Temperaturdifferenz.

Damit kann die reversible Wärmeübertragung als Grenzfall einer Wärmeübertragung mit $\alpha = \infty$ identifiziert werden. Dann gilt bei $\dot{Q} \neq 0$ für die treibende Temperaturdifferenz $\Delta T = 0$, so dass insgesamt der bei reversibler Wärmeübertragung gegebene isotherme Systemzustand vorliegt.

- Der mit $\alpha = \infty$ vorliegende ideale Wärmeübertragungsprozess kann in der Realität nicht erreicht werden. Es gibt aber verschiedene Maßnahmen, sich ihm anzunähern. Gleichung (6.5) besagt, dass für einen vorgegebenen Wert von $\dot{Q}$ die charakteristische Temperaturdifferenz ΔT umso kleiner wird,

  - je größer α wird: Dies kann mit verschiedenen Maßnahmen zur Verbesserung des Wärmeübergangs erreicht werden.

  - je größer $\hat{A}$ wird: Dies ist eine Vergrößerung der Übertragungsfläche, die in begrenztem Maße stets möglich sein wird.

- Die mit Gleichung (6.4) beschriebene Veränderung der Entropie infolge der reversiblen Wärmeübertragung entspricht dem Anteil $d_{trans}S$ der allgemeinen Entropieänderung dS, s. dazu Gl. (2.3) in Abschnitt 2.5. Es handelt sich bzgl. $d_{trans}S$ um einen vollständig reversiblen Vorgang.

  Die reversible Entropieänderung infolge einer Energieübertragung in Form von Wärme kann auch so interpretiert werden, dass ein Wärmestrom $\delta\dot{Q}_{rev}$ stets von einem Entropiestrom $d_{\dot{Q}_{rev}}\dot{S}$ begleitet ist, wobei der grundsätzliche Zusammenhang (6.4) gilt. In dieser Interpretation fließt damit ein Entropiestrom über die Systemgrenze, wenn dort ein entsprechender Wärmestrom vorliegt.

- Der insgesamt an der Kontrollraumgrenze auf der endlichen Teilfläche $\hat{A}$ auftretende Entropiestrom ist mit Gl. (6.4) und $\delta\dot{Q}_{rev} = \dot{q}_{W}d\hat{A}$

$$\dot{S}_{\hat{A}} = \int\limits_{\hat{A}} d_{\dot{Q}_{rev}}\dot{S} = \int\limits_{\hat{A}} \frac{\dot{q}_{W}}{T_{SG}}d\hat{A} \qquad (6.6)$$

Hierbei ist T_{SG} wieder die thermodynamische Temperatur an der Systemgrenze (Index SG).

Wie zuvor beschrieben, kann man sich einer reversiblen Wärmeübertragung im konkreten Fall durch verschiedene Maßnahmen zwar annähern, man kann diese aber nie erreichen. Betrachtet man die Entropieproduktion, gemäß Gl. (6.3),

$$\dot{S}'''_{\mathrm{WL}} = -\frac{1}{T^2}\left(\dot{q}_x\frac{\partial T}{\partial x} + \dot{q}_y\frac{\partial T}{\partial y} + \dot{q}_z\frac{\partial T}{\partial z}\right) = -\frac{1}{T^2}\vec{q}\cdot\mathrm{grad}T \qquad (6.7)$$

als Ausdruck der Irreversibilität der Wärmeübertragung, so wird deutlich, dass eine vollkommen reversible Wärmeübertragung wiederum nur für Modellfluide existiert, diesmal mit der Eigenschaft $\lambda = \infty$, für die dann wegen $\vec{q} = -\lambda\,\mathrm{grad}T$ gilt: $\mathrm{grad}T = 0$ und deshalb

$$\dot{S}'''_{\mathrm{WL}} = -\frac{1}{T^2}\vec{q}\cdot\mathrm{grad}T = 0 \qquad (6.8)$$

Definition: Wärmetechnisch ideale Stoffe

Wärmetechnisch ideale Stoffe besitzen eine unendlich große Wärmeleitfähigkeit λ und können deshalb endliche Wärmeströme leiten, ohne dass dabei Temperaturgradienten auftreten, bzw. erforderlich sind.

6.2 Die Bewertung verlustbehafteter Wärmeübertragung

In der Realität treten bei einer Wärmeübertragung stets Temperaturunterschiede auf und es kommt infolge dessen zu einer teilweisen Entwertung der übertragenen Energie. Diese kann mit Hilfe der dabei auftretenden Entropieproduktion quantifiziert werden.

Definition: Entwertung innerer Energie durch Wärmeleitung

Bei der Wärmeleitung in Richtung abnehmender Temperatur wird die auf diese Weise transportierte Energie infolge der Annäherung des Temperaturniveaus an dasjenige der Umgebung entwertet, weil dabei der Exergieanteil der Energie abnimmt. Es handelt sich um einen irreversiblen Prozess, bei dem Entropie erzeugt wird.

Bei einer realen, irreversiblen Wärmeübertragung müssen also zwei Aspekte gemeinsam betrachtet werden:

- Der zunächst reversible Transport von Energie in Form von Wärme über die Systemgrenze, gemäß Gl. (6.4) bei der Temperatur T_{SG} an der Systemgrenze.

- Die Entwertung der übertragenen Energie durch die Wärmeleitung im nichtisothermen System, d.h. durch die Wärmeleitung in Richtung abnehmender

Temperatur T. Im Fall eines Wärmestroms in das System gilt dabei $T < T_{SG}$; für einen Wärmestrom aus dem System heraus gilt $T > T_{SG}$. In beiden Fällen wird mit dieser Wärmeleitung Entropie produziert.

Damit ergibt sich folgende Definition für eine irreversible Wärmeübertragung:

Definition: Irreversible Wärmeübertragung

Eine irreversible Übertragung von Energie in Form von Wärme an einem thermodynamischen System liegt vor, wenn die Temperatur innerhalb des Systems von derjenigen auf der Systemgrenze abweicht. Die Entropieänderung aufgrund der irreversiblen Wärmeübertragung besteht dann aus zwei Anteilen, die zurückgehen auf die

- reversible Wärmeübertragung an der Kontrollraumgrenze
  ($T = T_{SG}$; Entropieänderung: $\mathrm{d}_{\mathrm{trans}}S$)

- irreversible Wärmeleitung innerhalb des Systems
  ($T \lessgtr T_{SG}$; Entropieänderung: $\mathrm{d}_{\mathrm{pro}}S$)

Es gilt also für die insgesamt auftretenden Entropieänderungen pro Zeit

$$\mathrm{d}_{\dot{Q}_{\mathrm{irr}}}\dot{S} = \mathrm{d}_{\mathrm{trans}}\dot{S} + \mathrm{d}_{\mathrm{pro}}\dot{S} \tag{6.9}$$

Eine Übertragung von Energie in Form von Wärme weist damit einen umso höheren Grad von Irreversibilität auf, je höher die dafür erforderliche Temperaturdifferenz ist. Damit ist z.B. eine Wärmeübertragung mit Phasenwechsel (d.h. bei weitgehend konstanter Temperatur) grundsätzlich gegenüber einer konvektiven Wärmeübertragung von Vorteil, wie im späteren Abschnitt 8.3 genauer ausgeführt wird.

Nachdem nun die physikalische Situation der verlustbehafteten, irreversiblen Wärmeübertragung beschrieben worden ist, sollen im Folgenden Bewertungs-Kennzahlen eingeführt werden, wie dies im vorherigen Kapitel mit ζ und ζ^{E} bereits für die Bewertung verlustbehafteter Strömungen geschehen ist. Ähnlich wie mit ζ eine „energetische" Kennzahl (Übergang von mechanischer zu innerer Energie) und mit ζ^{E} eine „exergetische" Kennzahl (Exergieverluste) eingeführt worden ist, muss dieser doppelte Aspekt auch bei der Wärmeübertragung berücksichtigt werden.

Für die *energetische Bewertung* geht es um die Frage, welcher Wärmestrom bzw. welche Wärmestromdichte mit einer bestimmten *treibenden Temperaturdifferenz* erreicht wird. Dieser Aspekt kann mit Hilfe des häufig benutzten Wärmeübergangskoeffizienten α erfasst werden.

Definition: Wärmeübergangskoeffizient α

Das Verhältnis

$$\alpha \equiv \frac{\dot{q}_W}{\Delta T} \tag{6.10}$$

aus der Wärmestromdichte $\dot{q}_W$ an einer Systemgrenze und einer für die insgesamt bei der irreversiblen Wärmeübertragung auftretenden treibenden Temperaturunterschiede typischen Temperaturdifferenz ΔT stellt den Wärmeübergangskoeffizienten für diese Wärmeübertragungs-Situation dar. Die Einheit von α ist $W/m^2\,K$.

In einer systematischen Analyse sollten allerdings dimensionslose Kennzahlen eingeführt werden (wie dies für ζ und ζ^E gilt). Deshalb ist es üblich, anstelle von α die Nußelt-Zahl Nu einzuführen. Für diese gilt

---

Definition: Nußelt-Zahl Nu

Die dimensionslose Kombination

$$Nu \equiv \frac{\dot{q}_W L}{\lambda \Delta T} \tag{6.11}$$

aus der Wärmestromdichte $\dot{q}_W$ an einer Systemgrenze, einer für das System charakteristischen Abmessung L, der Wärmeleitfähigkeit des Fluides λ und der für die treibenden Temperaturunterschiede typischen Temperaturdifferenz ΔT stellt die aus dimensionsanalytischen Überlegungen gewonnene Kennzahl für eine Wärmeübertragungs-Situation dar.

Damit besteht ein unmittelbarer Zusammenhang zu α gemäß Gl. (6.10) als

$$Nu = \alpha \frac{L}{\lambda} \tag{6.12}$$

Prinzipiell können α oder Nu zur energetischen Bewertung einer Wärmeübertragungssituation verwendet werden. Nicht nur aus formalen Gründen sollte aber der Nußelt-Zahl der Vorzug gegeben werden. Die Nußelt-Zahl ist nicht nur eine dimensionslose Kennzahl, sondern besitzt letztlich einen höheren Informationsgehalt über eine Wärmeübertragungssituation, da sie zusätzlich die geometrische Abmessung L und die Wärmeleitfähigkeit des betrachteten Fluides berücksichtigt.

Angenommen, α sei für eine bestimmte Wärmeübertragungssituation zahlenmäßig bekannt (z.B. für die Wasserströmung in einem Rohr, was in Wärmeübertragern häufig vorkommt), so kann bei vorgegebener Temperaturdifferenz ΔT berechnet werden, welche Wandwärmestromdichte an der Rohrwand vorliegt. Dies ist aber im konkreten Fall nur für das vorhandene Rohr (charakteristische Abmessung: Durchmesser D) und Wasser (Wärmeleitfähigkeit λ) möglich. Für einen anderen Rohrdurchmesser und für eine veränderte Wärmeleitfähigkeit bei Einsatz eines anderen Fluides müsste zunächst der dann gültige Zahlenwert für α ermittelt werden.

Wenn aber statt α die Nußelt-Zahl bekannt ist, so liegt damit eine deutlich erweiterte Information vor. Für einen bekannten Wert von Nu kann deshalb die Wandwärmestromdichte $\dot{q}_W$ bei Vorgabe von ΔT für beliebige Werte von D und λ unmittelbar bestimmt werden. Dies setzt allerdings voraus, dass alle auftretenden physikalischen Situationen durch denselben Zahlenwert Nu beschrieben werden (was im hier gewählten Beispiel einer (laminaren) Rohrströmung) der Fall ist.

Für die *exergetische Bewertung* geht es um die Frage, welcher Exergieverlust bei der irreversiblen Wärmeübertragung auftritt, die durch die treibenden Temperaturunterschiede zustande kommt. Eine diesbezügliche Kennzahl kann ganz allgemein wie folgt eingeführt werden.

Definition: Exergieverlust-Beiwert N^E

Das Verhältnis

$$N^E \equiv \frac{T_U \dot{S}''_{WL}}{\eta_C \dot{q}_W} \qquad (6.13)$$

aus der auf die Übertragungsfläche bezogenen Exergieverlustrate $T_U \dot{S}''_{WL}$ bei der irreversiblen Wärmeübertragung und der Exergiestromdichte $\eta_C \dot{q}_W$ an der Systemgrenze stellt den Exergieverlust-Beiwert für diese Wärmeübertragungssituation dar, mit:

T_U: Umgebungstemperatur

$\dot{S}''_{WL}$:   auf die Übertragungsfläche bezogene Entropie-produktion durch Wärmeleitung

η_C: Carnot-Faktor $\eta_C = 1 - T_U/T_{SG}$, s. auch Gl. (6.20)

Diese Definition ist nicht unmittelbar anschaulich, zumal die treibende Temperaturdifferenz ΔT zunächst nicht explizit auftritt.

Da N^E im Gegensatz zum Wärmeübergangskoeffizienten α bzw. der Nußelt-Zahl Nu nicht allgemein gebräuchlich ist, sondern hier aus systematischen (konzeptionellen) Überlegungen eingeführt worden ist, soll N^E im Folgenden genauer erläutert werden. Wichtige Teilaspekte dabei sind:

- Bei der irreversiblen Wärmeübertragung tritt eine volumenmäßig verteilte Entropieproduktionsrate $\dot{S}'''_{WL}$ gemäß Gl. (3.15) auf. Wenn diese über das relevante Volumen integriert wird, entsteht dabei die insgesamt durch Wärmeleitung auftretende Entropieproduktionsrate $\dot{S}_{WL}$. Formal bezogen auf die Übertragungsfläche $\hat{A}$ wird daraus die flächenbezogene Entropieproduktionsrate $\dot{S}''_{WL}$. Multipliziert mit der Umgebungstemperatur T_U ergibt sie gemäß dem Gouy–Stodola-Theorem (2.4) die auf die Übertragungsfläche bezogene Exergieverlustrate $T_U \dot{S}''_{WL}$, die den Zähler in Gl. (6.13) darstellt.

- Mit der Wärmestromdichte $\dot{q}_W$ an der Systemgrenze liegt dort eine Exergiestromdichte vor, die sich aus $\dot{q}_W$ durch die Multiplikation mit dem Carnot-

Faktor ergibt, s. dazu Tab. 2.1 und die genaueren Ausführungen im nachfolgenden Abschnitt 6.3. In den Carnot-Faktor geht neben der Umgebungstemperatur T_U die Temperatur an der Systemgrenze T_{SG} ein. Aus seiner Definition $\eta_C = 1 - T_U/T_{SG}$ folgt, dass er für $T_{SG} = T_U$ zu null wird. Endliche Exergiestromdichten $\eta_C \dot{q}_W$ liegen damit nur für $T_{SG} \neq T_U$ vor.

Für den Spezialfall einer eindimensionalen (konvektiven) Wärmeübertragung, wie sie in Bild 6.1 skizziert ist, kann N^E alleine durch die verschiedenen auftretenden Temperaturen dargestellt werden. Es gilt dann für $\dot{S}''_{WL}$ in Gl. (6.13), wenn T_∞ die Temperatur in größerer Entfernung von der Wand ist, mit $\Delta T = T_{SG} - T_\infty$ als treibende Temperaturdifferenz

$$\dot{S}''_{WL} = \dot{q}_W \left(\frac{1}{T_\infty} - \frac{1}{T_{SG}} \right) = \dot{q}_W \frac{\Delta T}{T_{SG} T_\infty} \tag{6.14}$$

und mit $\eta_C = 1 - T_U/T_{SG} = (T_{SG} - T_U)/T_{SG}$ endgültig für N^E:

$$N^E = \frac{T_U}{T_\infty} \frac{\Delta T}{(T_{SG} - T_U)} \tag{6.15}$$

Hier tritt nun die treibende Temperaturdifferenz ΔT explizit auf und es ist unmittelbar erkennbar, dass der Exergieverlust-Beiwert für $\Delta T \to 0$ zu null wird, weil dann der Grenzfall einer reversiblen Wärmeübertragung vorliegt.

Das nachfolgende Beispiel soll verdeutlichen, dass für eine vollständige Bewertung einer realen (irreversiblen) Wärmeübertragung beide Kennzahlen (Nu und N^E) erforderlich sind.

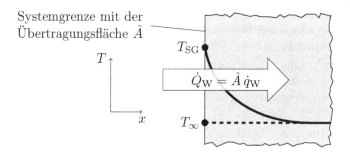

Abbildung 6.1: Eindimensionale (konvektive) Wärmeübertragung an einer Systemgrenze ($\dot{q}_W = $ const, Umgebungstemperatur T_U)

Beispiel 4: Bewertung einer Wärmeübertragung als Teil eines Kreisprozesses

In diesem Beispiel wird gezeigt, dass neben der Nußelt-Zahl ein weiterer Parameter erforderlich ist, um eine Wärmeübertragungssituation vollständig zu beschreiben.

In Wärmekraftanlagen, die der Stromerzeugung dienen, werden aus thermodynamischer Sicht *Kreisprozesse* realisiert. Dabei soll Energie, die in Form von Wärme auf einem hohen Temperaturniveau an ein umlaufendes Arbeitsfluid übertragen wird, so gut wie möglich durch eine Turbine in Form von Arbeit, und damit nach einem Generator, in Form von elektrischer Energie genutzt werden. Die grundsätzliche Beschränkung dieses Prozesses ist durch den beschränkten Exergieanteil im zugeführten Wärmestrom gegeben, da nur dieser prinzipiell an der Turbine in Form von Arbeit (also reiner Exergie) genutzt werden kann.

Gemäß Tab. 2.1 in Abschnitt 2.6 ergibt sich der Exergieanteil des zugeführten Wärmestroms $\dot{Q}$ als $\dot{Q}^{\mathrm{E}} = \eta_{\mathrm{C}} \dot{Q}$ mit dem Carnot-Faktor $\eta_{\mathrm{C}} = 1 - T_{\mathrm{U}}/T_{\mathrm{SG}}$. Damit ist das Temperaturniveau der Energiezufuhr, T_{SG}, von entscheidender Bedeutung.

Als ein wichtiger Teilaspekt des gesamten Kreisprozesses soll hier exemplarisch eine Wärmeübertragung auf einem typischen Temperaturniveau bzgl. ihrer „Qualität" betrachtet werden. Ein solcher Wärmeübertragungs-Teilprozess sei „energetisch" durch die Nußelt-Zahl Nu = 100 beschrieben, die gemäß Gl. (6.11) einen Zusammenhang zwischen der Wandwärmestromdichte $\dot{q}_{\mathrm{W}}$, einer charakteristischen Länge L, der Wärmeleitfähigkeit λ des Arbeitsfluides und der treibenden Temperaturdifferenz ΔT darstellt. In dieser Nußelt-Zahl tritt das für den Gesamtprozess wichtige Temperaturniveau selbst nicht auf. Dies suggeriert, dass zwei verschiedene Fälle mit demselben Wert für die Nußelt-Zahl aber auf unterschiedlichem Temperaturniveau bzgl. der Wärmeübertragung gleichwertig sind. Dies soll am Beispiel von zwei unterschiedlichen Wärmekraftprozessen näher untersucht werden.

Der erste Prozess ist ein *klassischer Dampfkraftprozess* mit Wasser als Arbeitsfluid und maximalen Temperaturen von $T_{\mathrm{max}} = 900\,\mathrm{K}$.

Der zweite Prozess ist ein *organischer Rankine Prozess* (ORC-Prozess) z.B. mit Ammoniak als Arbeitsmittel und maximalen Temperaturen von $T_{\mathrm{max}} = 400\,\mathrm{K}$.

In beiden Fällen soll der Wärmeübertragungs-Teilprozess mit Nu = 100 durch dieselbe Wandwärmestromdichte $\dot{q}_{\mathrm{W}} = 1000\,\mathrm{W/m^2}$ und dieselbe charakteristische Abmessung $L = 0{,}1\,\mathrm{m}$ zustande kommen. Aufgrund der unterschiedlichen Wärmeleitfähigkeiten von Wasser und Ammoniak ergibt sich in diesem Fall eine um den Faktor 2,6 größere treibende Temperaturdifferenz ΔT für den ORC-Prozess im Vergleich zum Dampfkraftprozess mit Wasser.

Damit sind für den ORC-Prozess größere Exergieverluste zu erwarten. Die genaue diesbezügliche Aussage ergibt sich mit dem Exergieverlust-Beiwert N^{E} gemäß Gl. (6.15), vgl. Abb. 6.1, der zeigt, dass zusätzlich noch das veränderte Temperaturniveau eine Rolle spielt. Beide Fälle sind in Tab. 6.1 zahlenmäßig gegenübergestellt. Daraus ergibt sich ein erheblich verschiedener Exergieverlust-Beiwert N^{E}.

Tabelle 6.1: Wärmeübergang mit Nu = 100 in zwei unterschiedlichen Prozessen

PROZESS	Nu	$\frac{\dot{q}_W}{W/m^2}$	$\frac{L}{m}$	$\frac{\lambda}{W/mK}$	$\frac{\Delta T}{K}$	$\frac{T_U}{K}$	$\frac{T_{SG}}{K}$	$\frac{T_\infty}{K}$	N^E
Dampfkraftprozess (Wasser)	100	10^3	0,1	0,1	10	300	900	890	0,006
ORC-Prozess (Ammoniak)	100	10^3	0,1	0,038	26	300	400	374	0,3

Während beim Dampfkraftprozess 0,6 % der übertragenen Exergie bei dem unterstellten Wärmeübertragungs-Teilprozess verloren gehen, sind dies im Falle des ORC-Prozesses „trotz" derselben Nußelt-Zahl Nu = 100 immerhin 30 %.

Dabei ist zu bedenken, dass die auf diese Weise verlorene Exergie in der Turbine nicht mehr für eine Auskopplung als mechanische Energie zur Verfügung steht.

Für eine Beurteilung der „Qualität" der Wärmeübertragung ist neben der Nußelt-Zahl deshalb der Exergieverlust-Beiwert unbedingt erforderlich.

Beispiel 5: Entropieproduktion in einer Trennwand

In diesem Beispiel wird gezeigt, wie bei einer irreversiblen Wärmeübertragung alle Exergieverluste durch die Annahme erfasst werden können, dass nur in der Wand zwischen zwei Systemen eine Entropieproduktion stattfindet.

Das nachfolgende Bild zeigt zwei Systeme A und B, die durch eine wärmedurchlässige sog. *diatherme Wand* voneinander getrennt sind. Nach außen sind die Wände adiabat, d.h. es findet kein Energieaustausch in Form von Wärme mit der Umgebung statt. Zum Zeitpunkt $t = 0$ sollen beide Systeme eine jeweils einheitliche, aber voneinander verschiedene Temperatur mit $T_{A0} > T_{B0}$ besitzen. Wenn nun die diatherme Wand einen Energietransport in Form von Wärme zwischen den Systemen zulässt, wird es nach sehr langer Zeit (formal für $t = \infty$) zu einem vollständigen Temperaturausgleich kommen, d.h. es gilt dann $T_{B\infty} = T_{A\infty}$. Für endliche Zeiten $0 < t < \infty$ wird qualitativ eine Temperaturverteilung vorliegen, wie sie im Bild durch die ausgezogene Linie mit der Kennung (t) angedeutet ist. In der Nähe der Wand kommt es jeweils zu einem Temperaturabfall (System A) bzw. Temperaturanstieg (System B) bei Annäherung an die Wand. Diese Verläufe sind typisch für einen hier unterstellten konvektiven Wärmeübergang durch wandnahe natürliche Konvektionsgrenzschichten (zu Details s. z.B. Herwig u. Moschallski, 2009, dort Abschnitt 6.5). In der Wand selber liegt eine reine Wärmeleitung vor, die für eine ebene Wand und bei stationärer Wärmeleitung mit konstanter Wärmeleitfähigkeit der Wand auf eine lineare Temperaturverteilung in der Wand führt.

In dieser Anordnung wird Entropie produziert, da es sich um eine irreversible Wärmeübertragung handelt. Diese Entropieproduktion tritt überall dort auf, wo Temperaturgradienten vorhanden sind, vgl. Term (4) in Gleichung (3.14), also

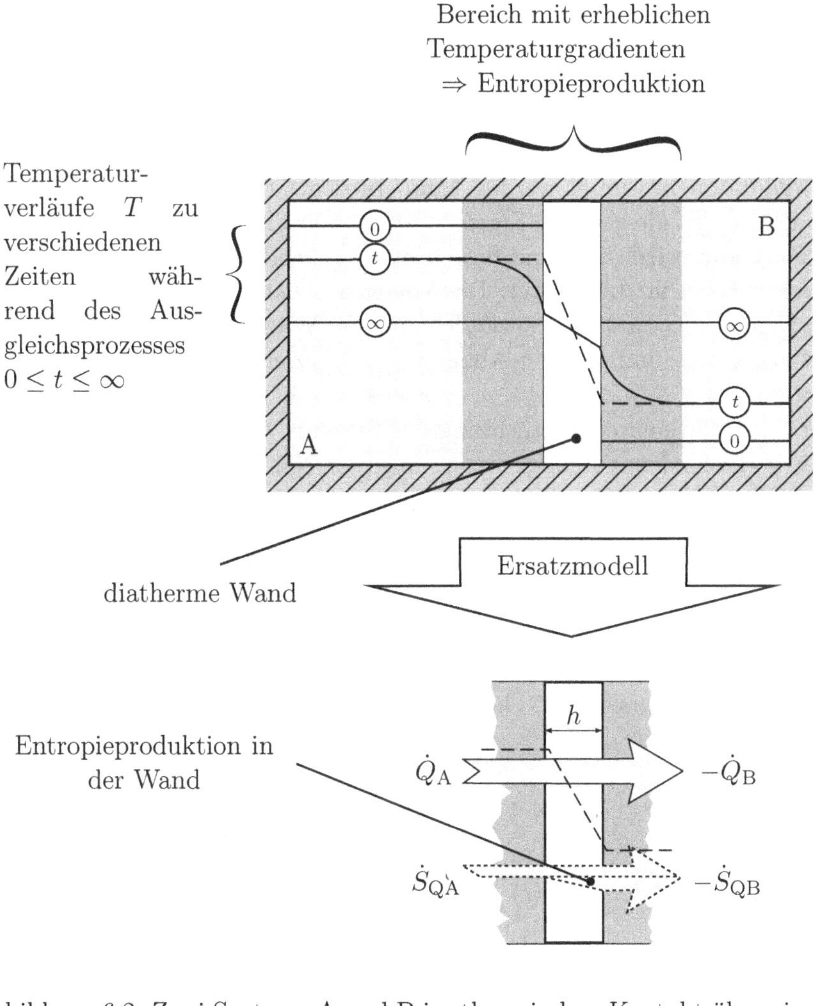

Bereich mit erheblichen
Temperaturgradienten
$\Rightarrow$ Entropieproduktion

Temperatur-
verläufe T zu
verschiedenen
Zeiten wäh-
rend des Aus-
gleichsprozesses
$0 \leq t \leq \infty$

B

0

t

∞

∞

t

0

A

diatherme Wand

Ersatzmodell

Entropieproduktion in
der Wand

h

$\dot{Q}_A$

$-\dot{Q}_B$

$\dot{S}_{QA}$

$-\dot{S}_{QB}$

Abbildung 6.2: Zwei Systeme A und B im thermischen Kontakt über eine diather-
me Wand
- - - -: Approximation des tatsächlichen Temperaturverlaufs zur
Zeit t durch den jeweiligen Mittelwert der Temperatur im System;
vollständige Verlagerung der Temperaturgradienten und damit der
Entropieproduktion durch Wärmeleitung in die Wand

in der Wand selbst sowie in den angrenzenden Fluidbereichen in beiden Teilsystemen. Wollte man diese Entropieproduktion und damit die Irreversibilität der Wärmeübertragung berechnen, müsste man zu jedem Zeitpunkt t den genauen Verlauf der Temperatur und damit auch der Temperaturgradienten kennen.

Im Sinne eines Ersatzmodells unterstellt man stattdessen jeweils einheitliche Temperaturen $T_A(t)$ bzw. $T_B(t)$, die sich mit wachsender Zeit t immer weiter annähern. Dann liegen aber zu jedem Zeitpunkt t in beiden Teilsystemen jeweils isotherme Verhältnisse vor und die Wärmeübergänge an der Wand (aus dem System A bzw. in das System B) sind jeweils reversibel. Die gesamten Temperaturunterschiede liegen jetzt in der Wand vor, in der zu jedem Zeitpunkt die Entropieproduktion bestimmt werden kann. In dem auf diese Weise gewählten Ersatzmodell ist also die gesamte Entropieproduktion „in die Wand verlagert worden". Im Folgenden wird die Wand das zu untersuchende Teilsystem und es werden die Vorgänge in ihr betrachtet. Die Vorzeichen der Wärmeströme zwischen den Teilsystemen, $\dot{Q}_A$ und $\dot{Q}_B$, sowie der mit den Wärmeströmen übertragenen Entropieströme, $\dot{S}_{QA}$ und $\dot{S}_{QB}$, in Abbildung 6.2 beziehen sich damit auf dieses Teilsystem.

In einer quasi-stationären Betrachtung des Systems Wand, die die tatsächlich instationär verlaufenden Vorgänge häufig in guter Näherung wiedergeben kann, wird unterstellt, dass zu jedem Zeitpunkt t momentan eine Situation vorliegt, wie sie bei einer vollständig stationären Wärmeübertragung auftreten würde. Dann gilt u.a. $\dot{Q}_A(t) > 0 > \dot{Q}_B(t)$, sowie $\dot{Q}_A(t) = -\dot{Q}_B(t)$, da der Wärmestrom an der Wand A in das System Wand eintritt und es an Wand B verlässt. An den Systemgrenzen gilt für die als reversibel modellierte Wärmeübertragung $\dot{S}_{QA}(t) = \dot{Q}_A(t)/T_A(t) > 0$ und $\dot{S}_{QB}(t) = \dot{Q}_B(t)/T_B(t) = -\dot{Q}_A(t)/T_B(t) < 0$. Mit der Entropiebilanz (2. Hauptsatz der Thermodynamik) $\dot{S}_{QA}(t) + \dot{S}_{QB}(t) + \dot{S}_{pro}(t) = 0$ folgt daraus unmittelbar

$$
\begin{aligned}
\dot{S}_{pro}(t) &= \quad -\left(\dot{S}_{QA}(t) + \dot{S}_{QB}(t)\right) \\
&= \quad \dot{Q}_A(t)\left(\frac{1}{T_B(t)} - \frac{1}{T_A(t)}\right) \quad = \dot{Q}_A(t)\,\frac{T_A(t) - T_B(t)}{T_A(t)T_B(t)}
\end{aligned}
\tag{6.16}
$$

Aus diesem Ergebnis lassen sich eine Reihe von Schlüssen ziehen:

- Gleichung (6.16) zeigt, dass ein Wärmestrom stets in Richtung abnehmender Temperatur fließt, weil nur dann die fundamentale Bedingung $\dot{S}_{pro} \geq 0$ erfüllt ist. Für einen Wärmestrom $\dot{Q}_A > 0$ wie im Bild eingezeichnet folgt aus $\dot{S}_{pro} \geq 0$, dass $(T_A - T_B) > 0$ sein muss. Mit $\dot{Q}_A < 0$ würde als Bedingung $(T_A - T_B) < 0$ gelten, so dass dann wiederum mit $T_A < T_B$ ein Wärmestrom in Richtung abnehmender Temperatur vorliegt.

- Für den Fall einer Wärmeübertragung bei konstanter Temperatur, also $(T_A - T_B) \to 0$ gilt $\dot{S}_{pro} \to 0$ und es liegt eine reversible Wärmeübertragung als Grenzfall der realen irreversiblen Wärmeübertragung vor.

- Bei gegebenem Wärmestrom $\dot{Q}_A$ und gegebener Temperaturdifferenz $(T_A - T_B)$ ist die Entropieproduktionsrate $\dot{S}_{pro}$ umso größer, je niedriger das Temperaturniveau ist, d.h. je kleiner das Produkt $T_A T_B$ ist. Damit ist eine Wärmeübertragung in der Kältetechnik tendenziell mit höheren Entropieproduktionen belastet als die Wärmeübertragung bei höheren Temperaturen.

- Mit dem Fourierschen Wärmeleitungs-Ansatz (vgl. Gl. (6.1)) ergibt sich bei einer linearen Temperaturverteilung in der Wand $\dot{Q}_A = -\lambda \hat{A}(T_B - T_A)/h$, wobei $\hat{A}$ die Übertragungsfläche und h die Wandstärke ist. Damit gilt für $\dot{S}_{pro}$ gemäß Gl. (6.16) jetzt

$$\dot{S}_{pro}(t) = \frac{\dot{Q}_A^2(t)h}{\hat{A}\lambda T_A(t)T_B(t)} \qquad (6.17)$$

Danach kann bei vorgegebenem und gleich bleibendem Wärmestrom $\dot{Q}_A$ die Entropieproduktionsrate als Folge der Wärmeleitung durch eine Verringerung der Wandstärke h, eine Erhöhung der Übertragungsfläche $\hat{A}$ oder durch eine Erhöhung der Wärmeleitfähigkeit λ des Wandmaterials abgesenkt werden.

Es ist unmittelbar erkennbar, dass für wärmetechnisch ideale Stoffe, d.h. für Stoffe mit $\lambda = \infty$ keine Entropieproduktion bei der Wärmeleitung auftritt ($\rightarrow$ reversible Wärmeleitung).

- Die insgesamt produzierte Entropie kann durch eine Integration der zeitlich veränderlichen Entropieproduktionsrate $\dot{S}_{pro}(t)$ bestimmt werden, d.h. es gilt

$$S_{pro} = \int \dot{S}_{pro}(t)\mathrm{d}t \qquad (6.18)$$

Gleichzeitig ist S_{pro} aber auch die Differenz der Entropie des Gesamtsystems (aus den Teilen A und B) am Ende und am Anfang des Ausgleichsprozesses, d.h.

$$S_{pro} = (S_A + S_B)_\infty - (S_A + S_B)_0 \qquad (6.19)$$

Dabei wird allerdings unterstellt, dass die Wand selbst keinen zu berücksichtigenden Anteil zur Gesamtentropie des Systems (zu dem nach Abbildung 6.2 auch die Wand gehört) beiträgt.

Die hier beschriebene physikalische Situation wird im Beispiel 12 in Abschnitt 8.1 noch einmal aufgegriffen. Dort wird anstelle von S_{pro} die Größe S_{WL} verwendet (WL: Wärmeleitung), weil die Entropieproduktion aufgrund von Wärmeleitung nur eine von mehreren Möglichkeiten ist, wie Entropie in einem System erzeugt werden kann.

6.3 Auswirkungen irreversibler Wärmeübertragung

Im Folgenden soll untersucht werden, welche Konsequenzen es in energietechnischen Prozessen hat, wenn dort vorkommende Wärmeübertragungsprozesse nicht
ideal reversibel ablaufen, sondern von der für irreversible Wärmeübertragungen
typischen Entropieproduktion begleitet sind. Prägnanter gefasst ist dies die Frage danach, welche Vorteile es hätte, wenn Wärmeübertragungsprozesse reversibel
ablaufen könnten.

Der Ausgangspunkt solcher Überlegungen soll ein System sein, in das eine bestimmte Energiemenge Q in Form von Wärme übertragen wird. Dabei wird die innere Energie des Systems um genau diesen Betrag, also vom anfänglichen Wert U_0
auf den neuen Wert $U_0 + Q$ erhöht. Das System speichert diese zusätzliche innere
Energie über seine Wärmekapazität c, wobei im Moment unterstellt werden soll,
dass dabei das Volumen konstant bleibt (d.h. es wird bei dem Energieübertra-
gungsvorgang keine Volumenänderungsarbeit geleistet).

Im System kommt es aufgrund der Wärmeübertragung zu einer Temperaturerhöhung. Die anfängliche Temperatur T_0 im System erhöht sich insgesamt um den
Betrag $\Delta T = Q/(c\,m)$ mit m als Masse im System. Es gilt eine einheitliche spezifische Wärmekapazität, die im hier auftretenden Temperaturbereich als konstant
unterstellt wird. Geht man von einer im System einheitlichen Temperatur T_0 aus,
so gilt nach der Wärmeübertragung die *mittlere* Temperatur $T_{m1} = T_0 + \Delta T$. Je
nach Art der Wärmeübertragung wird die Temperaturerhöhung im System aber
ungleichmäßig verteilt sein. Dies ist ein Aspekt der von erheblicher Bedeutung ist.
Die Temperatur T_1 kann also durchaus im System uneinheitliche Werte besitzen.
In der Tat unterscheiden sich der reversible und der irreversible Wärmeübergang
im vorliegenden Fall ausschließlich durch die Art der Temperaturverteilung bei
gleichen Werten der mittleren Temperatur T_{m1}:

- Bei einer reversiblen Wärmeübertragung kommt es zu einer gleichmäßi-
  gen Erwärmung des Systems mit mittleren Temperaturen $T_0 < T_m(t) <
  T_{m1}$ und am Ende des Wärmeübertragungsprozesses liegt eine Tempera-
  tur„verteilung" T_1 vor, die genau der einheitlichen mittleren Temperatur T_{m1}
  entspricht. Da bei einer reversiblen Wärmeübertragung keine räumlichen
  Temperaturgradienten auftreten, wird das System gleichmäßig insgesamt
  um ΔT erwärmt.

- Bei einer irreversiblen Wärmeübertragung treten räumliche Temperaturgradienten auf, die einerseits zu Entropieproduktionen während des Übertragungsprozesses führen und andererseits zur Folge haben, dass zu jedem
  Zeitpunkt des Übertragungsprozesses die *Temperatur an der Systemgrenze*, $T_{SG}(t)$ größer als die mittlere Temperatur im System, $T_m(t)$, ist. Dies
  ist eine Folge der ungleichmäßigen Temperaturverteilung zu der jeweiligen
  Zeit t.

Insbesondere am Ende des Wärmeübertragungsprozesses liegt eine Situation vor, bei der die Temperatur an der Systemgrenze $T_{\mathrm{SG},1}$ größer als die mittlere Temperatur $T_{\mathrm{m}1}$ im System ist.

Um zu verstehen, welche Bedeutung dieser Unterschied in der Temperaturverteilung während des Übertragungsprozesses hat, muss man sich zwei entscheidende Aspekte vergegenwärtigen.

Zunächst ist von Bedeutung, dass ein Wärmestrom als allgemeiner Energiestrom einen Exergieanteil besitzt. Dies wurde schon mehrfach erwähnt, und soll nun an dieser Stelle als präzisierende Definition der Exergie eines Wärmestroms eingeführt werden.

Definition: Exergieanteil eines Wärmestroms

Wenn Energie in Form von Wärme über die Grenze eines Systems übertragen wird, so besitzt der dabei auftretende Wärmestrom $\dot{Q}$ den Exergieanteil

$$\dot{Q}^{\mathrm{E}} = \eta_{\mathrm{C}} \dot{Q} \qquad (6.20)$$

mit $\eta_{\mathrm{C}} = 1 - T_{\mathrm{U}}/T_{\mathrm{SG}}$. Dabei ist T_{U} die Umgebungstemperatur, T_{SG} ist die Temperatur an der Systemgrenze, beide als thermodynamische Temperaturen in der Einheit K (Kelvin).

Der Faktor η_{C} ist der *Carnot-Faktor*. Er gibt im Sinne der obigen Definition an, wie groß der Anteil eines Wärmestroms ist, der maximal in einer Wärmekraftmaschine in mechanische Leistung umgewandelt werden könnte. In diesem Sinne ist der Carnot-Faktor gleich dem thermischen Wirkungsgrad einer bestmöglichen Wärmekraftmaschine.

Als zweiten Aspekt gilt es zu beachten, dass ein Wärmestrom $\dot{Q}$, der an einer Systemgrenze vorliegt, einen doppelten Wärmeübergang darstellt.

Definition: Innerer und äußerer Wärmeübergang in Bezug auf ein System

Ein an einer Systemgrenze auftretender Wärmestrom $\dot{Q}$ ist

- Teil eines inneren Wärmeübergangs, d.h. Teil der thermischen Vorgänge *im System*

- Teil eines äußeren Wärmeübergangs, d.h. Teil der thermischen Vorgänge *außerhalb des Systems*

Man ist gewohnt, einen Wärmeübergang nur in Hinblick auf die Verhältnisse *im System* zu betrachten. Es ist aber durchaus auch von Bedeutung, wie ein bestimmter Wärmestrom an die Systemgrenze gelangt bzw. wie er in die Umgebung abgegeben wird.

Mit beiden Aspekten, dem Exergieanteil eines Wärmestroms und der Beachtung auch des äußeren Wärmeübergangs in Bezug auf ein System wird der Unterschied zwischen einer reversiblen und einer irreversiblen Wärmeübertragung bzw. die Beziehung zwischen beiden Formen deutlich. Dies soll am Beispiel einer Energieübertragung in Form von Wärme *in das System* erläutert werden.

Je stärker die Irreversibilität des inneren Wärmeübergangs ist:

- umso höher muss die Temperatur an der Systemgrenze T_{SG} sein

- umso größer ist der Exergieanteil des Wärmestroms an der Systemgrenze, $\dot{Q}^E$

- umso höherwertige Energie muss mit dem äußeren Wärmeübergang an der Systemgrenze bereitgestellt werden.

Der letzte Punkt ist entscheidend: Bei einem irreversiblen Wärmeübergang in ein System, muss durch den äußeren Wärmeübergang eine höherwertige Energie (d.h. eine Energie mit einem größeren Exergieanteil) bereitgestellt werden, als dies bei einem reversiblen Wärmeübertragungsprozess der Fall wäre.

Am Ende eines irreversiblen Wärmeübertragungsprozesses wird im Inneren des Systems zunächst eine ungleichmäßige Temperaturverteilung vorliegen. Wenn dieses System anschließend im Zuge eines internen Ausgleichsprozesses seinen Gleichgewichtszustand (und damit eine einheitliche Temperatur) annimmt, so wird dabei Entropie erzeugt und Exergie vernichtet. Diese gegenüber der Exergie im Gleichgewichtszustand zunächst zusätzlich vorhandene Exergie muss dem System (zusätzlich) von außen zugeführt werden und ist quasi der „Preis" für die Irreversibilität des nicht idealen Wärmeübergangs.

Mit diesen Überlegungen wird aber auch deutlich, dass die Verbesserung eines Wärmeübergangs in technischen Anwendungen nur dann einen Vorteil bringt, wenn die damit verbundene Reduzierung des Exergieanteils des Wärmestroms an der Systemgrenze eine vorteilhafte Maßnahme darstellt. Dies ist z.B. dann der Fall, wenn durch den verbesserten Wärmeübergang zunächst nicht nutzbare Abwärme aus einem vorgeschalteten Prozess nutzbar wird, weil ihr Temperaturniveau jetzt ausreicht, um die gewünschte Wärmeübertragung zu realisieren.

Eine ganz andere Situation liegt aber vor, wenn der Wärmeübergang durch eine elektrische Heizung (außerhalb des Systems) bewirkt wird. Elektrische Energie ist reine Exergie und wird beim Einsatz zu Heizzwecken im Zuge des dann auftretenden Dissipationsprozesses (Dissipation elektrischer Energie) bereits außerhalb des Systems weitgehend entwertet. Die Höhe des Exergieanteils $\dot{Q}^E$ an der Systemgrenze würde dann nur darüber entscheiden, welcher Anteil der Entwertung außerhalb und welcher innerhalb des Systems stattfindet.

Bei einer reversiblen Wärmeübertragung reagiert das System stets als *Phase*, d.h. es gibt nur eine einheitliche Temperatur $T = T_{SG}$ des Systems (die sich aber mit der Zeit als $T(t)$ verändern kann). Das Integral $\int \Delta Q_{rev} = \int T_{SG} dS$ entspricht damit der reversibel in Form von Wärme übertragenen Energie. Bei einer irreversiblen Wärmeübertragung existiert zunächst keine einheitliche Systemtemperatur.

Das Integral $\int T_{\mathrm{SG}}\mathrm{d}S$ erfasst damit nur die Entropieerhöhung aufgrund der Wärmeübertragung bei der Wandtemperatur T_{SG}, aber nicht die Entropieproduktion aufgrund von Wärmeleitung im System. Eine näherungsweise Berücksichtigung auch dieses Effektes ergibt sich, wenn anstelle von T_{SG} die kalorische Mitteltemperatur $T_{\mathrm{m}}(t)$ des Systems eingesetzt wird. Das Integral $\int T_{\mathrm{m}}\mathrm{d}S$ entspricht weiterhin der in Form von Wärme übertragenen Energie, erfasst aber in der Größe $\mathrm{d}S$ (näherungsweise) auch die zusätzlich erzeugte Entropie. Im nächsten Beispiel 6, bei dem es zu einem vollständigen Temperaturausgleich für $t \to \infty$ kommt, wird auf diese Weise die Entropieproduktion im System sogar vollständig erfasst, weil mit der kalorischen Mitteltemperatur $T_{\mathrm{m}}(t)$ eine Situation eingeführt wird, die der reversiblen Wärmeübertragung entspricht.

Beispiel 6: Reversibler und irreversibler Wärmeübergang im Vergleich

In diesem Beispiel wird gezeigt, dass der Vorteil einer „möglichst reversiblen" Wärmeübertragung nur erkennbar wird, wenn auch die Verhältnisse außerhalb des Systems berücksichtigt werden.

Der im nachfolgenden Bild 6.3 gezeigte Zylinder besteht aus Stahl. Durch die linke Stirnseite wird über eine Zeitspanne $t_4 - t_0$ Energie in Form von Wärme mit einer konstanten Wandwärmestromdichte $\dot{q}_{\mathrm{W}}$ übertragen ($\dot{q}_{\mathrm{W}}$: übertragene Energie pro Zeit und Fläche, $[\dot{q}_{\mathrm{W}}] = \mathrm{J/m^2s} = \mathrm{W/m^2}$). Die übrigen Wände seien ideal wärmegedämmt. Es sollen jetzt zwei Fälle im Vergleich betrachtet werden:

(a) *Reversible Wärmeübertragung:* Das System reagiert stets als Phase, zu jedem Zeitpunkt existiert eine einheitliche Temperatur im System. Im Teilbild (a) sind Temperaturen zu den Zeiten $t_{0...4}$ gezeigt.

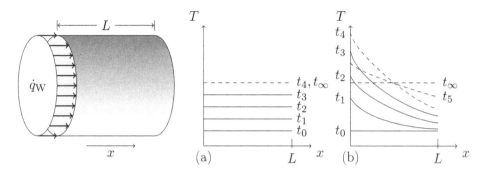

Abbildung 6.3: Reversibler und irreversibler Wärmeübergang im Vergleich
—: Heizung eingeschaltet
- -: Heizung ausgeschaltet

(b) *Irreversible Wärmeübertragung:* In das System wird pro Zeit dieselbe Energiemenge wie bei (a) übertragen, das System reagiert aber nicht als Phase, sondern zeigt Temperaturverteilungen. Zur Zeit t_4 ist im Fall (b) dieselbe Energie $Q = A \int \dot{q}_W \mathrm{d}t$ übertragen worden wie zur Zeit t_4 im Fall (a), das System befindet sich aber noch nicht im inneren Gleichgewicht. Seine Entropieerhöhung gegenüber dem Ausgangszustand ist noch geringer als im Fall (a), weil an der Übertragungsfläche zu jedem Zeitpunkt mit $\Delta Q_{\mathrm{rev}} = T_{\mathrm{SG}} \mathrm{d}S$ dieselbe Energiemenge δQ übertragen worden ist, aber die Temperatur T_{SG} an der Systemgrenze stets höher als bei (a) war und somit weniger Entropie $\mathrm{d}S$ übertragen wurde. Die kalorische Mitteltemperatur zu jedem Zeitpunkt im Fall (b) entspricht der zugehörigen einheitlichen Temperatur im Fall (a).

Zusätzlich ist angedeutet, wie das System für $t \to \infty$ bei t_∞ den inneren Gleichgewichtszustand erreicht und dann von dem System in Fall (a) nicht mehr zu unterscheiden ist. Während dieses Ausgleichsvorgangs liegen Temperaturgradienten vor, die zu Entropieproduktionen führen und dann letztlich das Entropieniveau von Fall (a) entstehen lassen.

Unter dem Gesichtspunkt der Wärmeübertragung handelt es sich bei Fall (a) um eine optimale Wärmeübertragung, weil keine „treibenden Temperaturgradienten" nötig sind, während Fall (b) einen relativ schlechten Wärmeübergang darstellt. Maßnahmen zur Verbesserung eines Wärmeübergangs aus thermodynamischer Sicht verändern einen irreversiblen Wärmeübergang stets „in Richtung eines reversiblen Wärmeübergangs".

Es könnte nun der Eindruck entstehen, ein reversibler Wärmeübergang hätte keinen Vorteil gegenüber einem irreversiblen Wärmeübergang, da ja letztlich derselbe Zustand im System erreicht wird. Aber: Im Fall des irreversiblen Wärmeübergangs ist eine höherwertige Energiequelle erforderlich, da der Wärmeübergang an der Systemgrenze bei einer höheren Temperatur erfolgt. Der irreversibel übertragene Wärmestrom besitzt deshalb an der Systemgrenze einen größeren Exergieanteil als der Wärmestrom bei reversibler Wärmeübertragung. Diese erhöhte Exergie wird im System durch den thermischen Ausgleichsprozess in Anergie verwandelt. Der eigentliche Vorteil einer reversiblen Wärmeübertragung liegt damit außerhalb des Systems, wo die minimal erforderliche Exergie in der Wärmequelle ausreicht, den Wärmeübergang zu realisieren.

Teil B

Entropie und die Bestimmung von Verlusten

7 Bestimmung von Verlusten in Strömungsprozessen

In Kapitel 5 war bereits beschrieben worden, dass Verluste in Strömungsprozessen als Exergieverluste in Folge der Dissipation von mechanischer Energie auftreten. Bei diesem Dissipationsprozess wird Entropie erzeugt, Exergie vernichtet und damit die Energie entwertet. Aus energetischer Sicht handelt es sich bei diesem Dissipationsprozess um einen internen Umverteilungsprozess zwischen mechanischer und innerer Energie, der die Gesamtenergie zunächst unverändert lässt, s. dazu die Ausführungen nach Gleichung (3.23). Erst wenn ein System die neu entstandene innere Energie in Form von Wärme (u.U. nur teilweise) an die Umgebung abführt, kommt es zu einer Reduktion der Energie im System. Solange keine Energie aus dem System abgeführt wird, verändert also ein Dissipationsprozess nur die Energie*qualität* (→Entwertung) aber nicht die Energie*quantität*.

7.1 Verlust- und Widerstands-Beiwerte

In Abschnitt 5.2 war am Beispiel der Durchströmung von Bauteilen gezeigt worden, dass

- die gesamten Verluste bzgl. einer bestimmten Strömungssituation durch einen globalen Beiwert angeben werden können,

- diese Verluste im Strömungsfeld durch Dissipation mechanischer Energie entstehen,

- für die Angabe der damit verbundenen Exergieverluste ein eigener Beiwert erforderlich ist.

Dies wird im Folgenden wieder aufgegriffen und genauer erläutert. Wegen der deutlich unterschiedlichen physikalischen Situationen wird dabei nach Durchströmungen und Umströmungen unterschieden. Die (energetischen) Beiwerte sind im Fall der Durchströmungen Verlust-Beiwerte ζ, für Umströmungen werden hingegen Widerstands-Beiwerte c_W eingeführt. Wie sich zeigen wird, beschreiben beide Beiwerttypen letztlich die Entropieproduktion, die durch das durchströmte Bauteil bzw. den umströmten Körper im Strömungsfeld hervorgerufen wird.

Für die Berechnung der Verluste durch Dissipation muss „lediglich" die Entropieproduktion im Strömungsfeld ermittelt werden. Dies kann durch Integration der lokalen Entropieproduktionsrate aufgrund der Dissipation, $\dot{S}_D'''$ gemäß Gl. (3.16), geschehen. In diesem Sinne gilt für die Entropieproduktionsrate in einem endlichen Kontrollvolumen V

$$\dot{S}_\mathrm{D} = \int_V \dot{S}_\mathrm{D}''' \mathrm{d}V \tag{7.1}$$

Diese pauschale Formulierung muss im Einzelfall präzisiert werden, wobei insbesondere zu klären ist, welches Volumen V zu berücksichtigen ist, ob mit $\dot{S}_\mathrm{D}'''$ die gesamte vorhandene lokale Entropieproduktion gemeint ist oder nur ein zusätzlicher Anteil gegenüber einer Vergleichssituation und wie $\dot{S}_\mathrm{D}'''$ zu bilden ist, wenn eine turbulente Strömung vorliegt.

7.1.1 Durchströmungen

Die Verluste bei der Durchströmung von einzelnen Bauteilen werden durch Verlust-Beiwerte ζ erfasst, die den jeweiligen Bauteilen als Beiwerte zugeordnet sind. Solche Bauteile können Krümmer, Diffusoren, Düsen, T-Stücke oder auch einfache gerade Rohr- oder Kanalstrecken sein.

Hier tritt nun die Besonderheit auf, dass nur in den geraden Rohr- und Kanalstrecken die gesamten Verluste auch tatsächlich im Bauteil selbst auftreten. In allen anderen Fällen gibt es eine Beeinflussung der stromaufwärtigen und vor allem der stromabwärtigen Strömung. Dies führt zu zusätzlichen Verlusten, die aber dem verursachenden Bauteil zugerechnet werden müssen. Damit beschreibt dann ein Verlust-Beiwert ζ eines solchen Bauteils nicht die *Verluste im Bauteil* sondern die *durch das Bauteil bewirkten Verluste*. Dieser Aspekt ist von großer Bedeutung, insbesondere dann, wenn mehrere Bauteile dicht aufeinander folgen und sich damit gegenseitig beeinflussen, s. dazu die ausführliche Diskussion in Schmandt u. Herwig (2011b).

Wenn mit φ die spezifische dissipierte Energie bezeichnet wird, die aufgrund eines bestimmten Bauteils auftritt (im Bauteil und ggf. in Form von zusätzlicher dissipierter Energie außerhalb des Bauteils), so gilt für den Verlust-Beiwert, vgl. Gl. (5.10)

$$\zeta \equiv \frac{\varphi}{c^2/2} \tag{7.2}$$

wobei c die mittlere Geschwindigkeit am Eintritt des betrachteten Bauteils ist. Dieser Ansatz ist offensichtlich in der Absicht gewählt worden, mit ζ einen festen Zahlenwert einzuführen, der das Verlustverhalten eines Bauteils beschreibt. Dies ist aber nur dann der Fall, wenn $\varphi \sim c^2$ gilt, was nur bei voll ausgebildeter Turbulenz der Fall ist, wie anschließend gezeigt wird.

Zunächst soll aber die Bedeutung der spezifischen dissipierten Energie φ näher erläutert werden. Es handelt sich dabei um die dissipierte Energie pro Masse bzw. die Dissipationsrate pro Massenstrom jeweils als Gesamtwerte, verursacht durch das betrachtete Bauteil.

Die zugehörigen lokalen Werte (die dann entsprechend zu integrieren sind) sind durch den Dissipationsterm Φ gemäß Gl. (3.22) gegeben. Dieser beschreibt die lokale Dissipationsrate in W/m^3 und ist eng mit der lokalen Entropieproduktions-rate $\dot{S}_D'''$ verbunden. Gemäß Gl. (3.23) gilt $\Phi = T\dot{S}_D'''$. Die gesamte Dissipationsrate ist dann das Volumenintegral über Φ. Sie entspricht der gesamten Entropiepro-duktionsrate, s. Gl. (7.1). In diesem Sinne gilt

$$\dot{S}_D = \int_V \dot{S}_D''' dV = \int_V \frac{\Phi}{T} dV \approx \frac{\dot{m}\varphi}{T_m} \tag{7.3}$$

In Gl. (7.3) ist die Temperaturverteilung T im Volumen durch einen konstan-ten Mittelwert T_m ersetzt worden was im isothermen Fall keine und im nicht-isothermen Fällen stets eine sehr gute Näherung darstellt. Mit Gl. (7.3) kann der allgemeine Verlust-Beiwert damit auch als

$$\zeta = \frac{T_m \dot{S}_D/\dot{m}}{c^2/2} \tag{7.4}$$

geschrieben werden. Dies zeigt die enge Verwandtschaft von Strömungsverlusten mit den zugehörigen Entropieproduktionsraten.

Man könnte an dieser Stelle einwenden, dass es ausreicht, die lokale Dissipa-tionsrate gemäß Gl. (3.22) über das Volumen aufzuintegrieren und die Entropie-produktion nicht weiter zu betrachten. Tatsächlich sieht es zunächst so aus, als würde die Temperatur T_m künstlich in Gl. (7.4) eingeführt, da aus Gl. (7.3) folgt, dass $\dot{S}_D \approx \left(\int \Phi dV\right)/T_m$ gilt. Für die Darstellung (7.4) des Verlust-Beiwertes sprechen aber zwei (gute) Gründe:

- Wenn neben den Strömungsverlusten ζ auch Verluste im Temperaturfeld durch eine irreversible Wärmeübertragung auftreten, können beide Verluste dann einheitlich durch eine entsprechende Entropieproduktion beschrieben werden, s. dazu den späteren Abschnitt 8.2.1.

- Es war bereits in Abschnitt 5.2 gezeigt worden, dass mit ζ nur eine ener-getische Bewertung der Verluste erfolgt. Der Exergieverlust ist abhängig vom Temperaturniveau T_m und wird als Exergieverlust-Beiwert ζ^E analog zu Gl. (5.13) und (5.14) als

$$\zeta^E = \frac{T_U}{T_m}\zeta = \frac{T_U \dot{S}_D/\dot{m}}{c^2/2} \tag{7.5}$$

angegeben. Die Beziehung zwischen der energetischen und der exergetischen Bewertung wird nur deutlich, wenn ζ in der Form (7.4) gewählt wird.

Abschließend soll noch der Frage nachgegangen werden, wann ζ einen festen Zahlenwert annimmt bzw. welche Abhängigkeiten bestehen, wenn dies nicht der Fall ist. Dazu ist es hilfreich, die Navier–Stokes-Gleichungen (deren Lösung die konkrete Bestimmung von ζ erlaubt) als Kräftebilanz zu interpretieren. Die bei der Durchströmung von Bauteilen auftretenden Kräfte sind Druck-, Reibungs- und Trägheitskräfte. Bezüglich der Strömungsgeschwindigkeiten (und damit auch bzgl. c) sind die viskosen Reibungskräfte linear abhängig ($\sim c$), die Trägheitskräfte aber nichtlinear, quadratisch ($\sim c^2$). Neben den viskosen Reibungskräften ($\sim c$) treten bei turbulenten Strömungen aber noch turbulente (scheinbare) Reibungskräfte auf. Diese „entstehen" bei einer Zeitmittelung der Gleichungen aus den nichtlinearen Termen, so dass für diese Kräfte die Abhängigkeit $\sim c^2$ gilt.

Im Ansatz (7.2) entspricht φ den Reibungskräften, so dass es um die Frage geht, welche Proportionalität bzgl. c für die Reibungskräfte vorliegt. Je nach physikalischer Situation dominieren die Trägheitskräfte ($\rightarrow \varphi \sim c^2$) oder die viskosen Reibungskräfte ($\rightarrow \varphi \sim c$) das Kräftegleichgewicht. In einer dimensionslosen Formulierung äußert sich dies dann in einer bestimmten Abhängigkeit des Verlust-Beiwertes von der Reynolds-Zahl

$$\mathrm{Re} = \frac{cL}{\nu} \tag{7.6}$$

mit L als charakteristischer Länge des Bauteils und ν als kinematischer Viskosität des Fluides. Eine genauere Analyse der Wirkung von Turbulenz und des Einflusses von Wandrauheiten in geraden Rohr- und Kanalstrecken ergibt eine Abhängigkeit

$$\zeta \sim \mathrm{Re}^{n-2} \quad \text{mit } 1 \leq n \leq 2 \tag{7.7}$$

Tabelle 7.1 enthält die Reynolds-Zahl-Abhängigkeit verschiedener Fälle. Dort sind vier verschiedene Reynolds-Zahl-Bereiche aufgeführt, die als Anhaltswerte dienen können.

Tabelle 7.1: Reynolds-Zahl Abhängigkeit des Verlust-Beiwertes ζ in geraden Rohr- und Kanalstrecken mit $1 < n < 2$

			Re-Bereich			
			niedrig	moderat	hoch	sehr hoch
Bauteil	laminar		Re^{-1}	Re^{n-2}	const	—
	turbulent		—	Re^{n-2}	const	const
Rohr oder Kanal	laminar	glatt	Re^{-1}	Re^{-1}	Re^{-1}	—
		rau	Re^{-1}	Re^{-1}	Re^{n-2}	—
	turbulent	glatt	—	Re^{n-2}	Re^{n-2}	Re^{n-2}
		rau	—	Re^{n-2}	Re^{n-2}	const

7.1.2 Umströmungen

Bei Umströmungen äußert sich der Verlust in einer Widerstandskraft F_W, die in einer Anströmung mit der Geschwindigkeit u_∞ zu einer Verlustleistung $P_\mathrm{V} = F_\mathrm{W} u_\infty$ führt. Als dimensionsloser Widerstands-Beiwert wird

$$c_\mathrm{W} \equiv \frac{2 F_\mathrm{W}}{\varrho u_\infty^2 A_\mathrm{S}} \qquad (7.8)$$

eingeführt. Dabei ist A_S die Stirnfläche des umströmten Körpers. Die Entdimensionierung erfolgt mit dieser Fläche und dem Staudruck $\varrho u_\infty^2 / 2$ der ungestörten Anströmung.

Die Verlustleistung ausgedrückt durch die insgesamt auftretende Entropieproduktion durch Dissipation ist $P_\mathrm{V} = T_\infty \dot{S}_\mathrm{D}$. Hierbei entspricht die Anströmtemperatur T_∞ der Umgebungstemperatur so dass es sich bei P_V um einen vollständigen Exergieverlust handelt. Es wird hier also kein zusätzlicher Exergieverlust-Beiwert eingeführt, weil unterstellt wird, dass stets das Umgebungs-Temperaturniveau vorliegt. Damit ergibt sich für den Widerstands-Beiwert, der gleichzeitig auch ein Exergieverlust-Beiwert ist

$$c_\mathrm{W} = \frac{2 T_\infty}{\varrho u_\infty^3 A_\mathrm{S}} \dot{S}_\mathrm{D} \qquad (7.9)$$

Die Ähnlichkeit der Beziehungen (7.4) und (7.9) für die Durch- bzw. Umströmung wird deutlich, wenn in Gl. (7.4) der Massenstrom als $\dot{m} = \varrho A_\mathrm{m} c$ mit A_m als Querschnittsfläche, in der c auftritt, ausgedrückt wird. Wenn zusätzlich $T_\mathrm{m} = T_\infty$ gesetzt wird, erhält Gl. (7.4) die Form

$$\zeta = \frac{2 T_\infty}{\varrho c^3 A_\mathrm{m}} \dot{S}_\mathrm{D} \qquad (7.10)$$

die in Ihrem Aufbau vollständig identisch mit Gleichung (7.9) für die Umströmung ist. Die unterschiedlichen Flächen A_S bzw. A_m sind zunächst nur unter formalen Gesichtspunkten zur Entdimensionierung gewählt worden. Sie legen aber durchaus eine physikalische Interpretation nahe: In beiden Fällen stellt $\varrho c^3 A$ einen Exergiestrom dar, im Falle der Durchströmung den tatsächlich vorhandenen Exergiestrom, im Falle der Umströmung denjenigen durch eine Stromröhre, deren Querschnitt genau der Versperrung durch den umströmten Körper entspricht.

Wenn Verlust- und Widerstands-Beiwerte gemäß Gl. (7.4) bzw. (7.9) bestimmt werden sollen, muss die Entropieproduktionsrate in einem endlichen Kontrollraum durch Integration der lokalen Entropieproduktionsraten $\dot{S}_\mathrm{D}'''$ ermittelt werden. Hierbei kommt es nun entscheidend darauf an, ob es sich um eine laminare oder eine turbulente Strömung handelt. Beide Fälle werden nachfolgend behandelt und anhand von konkreten Beispielen für die Bestimmung von Verlust-Beiwerten erläutert.

7.2 Bestimmung der Entropieproduktion in laminaren und turbulenten Strömungen

Wenn lokale Entropieproduktionsraten $\dot{S}_\mathrm{D}'''$ integriert werden sollen, so handelt es sich dabei um die Integration der durch Gleichung (3.16) gegebenen Funktion $\dot{S}_\mathrm{D}'''(x, y, z, t)$, die hier noch einmal aufgeführt wird:

$$\dot{S}_\mathrm{D}''' = \frac{\eta}{T} \left[2\left\{ \left(\frac{\partial u}{\partial x}\right)^2 + \left(\frac{\partial v}{\partial y}\right)^2 + \left(\frac{\partial w}{\partial z}\right)^2 \right\} \right.$$
$$\left. + \left(\frac{\partial u}{\partial y} + \frac{\partial v}{\partial x}\right)^2 + \left(\frac{\partial u}{\partial z} + \frac{\partial w}{\partial x}\right)^2 + \left(\frac{\partial v}{\partial z} + \frac{\partial w}{\partial y}\right)^2 \right] \quad (7.11)$$

Die Abhängigkeit der Funktion $\dot{S}_\mathrm{D}'''$ von den Ortskoordinaten x, y und z sowie der Zeit t liegt indirekt vor. Sie ist über die Abhängigkeit der Geschwindigkeitskomponenten u, v und w sowie der Temperatur T von diesen Größen gegeben.

Wenn nun $u(x, y, z, t), v(x, \dots), \dots$ explizit bekannt sind, wie dies in einer CFD-Simulation der Fall ist, kann die Integration prinzipiell ausgeführt werden. In diesem Sinne handelt es sich bei $\dot{S}_\mathrm{D}'''$ und dann auch $\dot{S}_\mathrm{D}$ um *Postprocessing-Größen*, d.h. um Größen, die nach der eigentlichen Berechnung des Strömungsfeldes ermittelt werden können.

Von wenigen Ausnahmen abgesehen können die Geschwindigkeitsfelder, d.h. die Funktionen $\vec{v}(x, y, z, t)$, nur mit numerischen Methoden bestimmt werden, mit deren Hilfe die zugrunde liegenden (Differential-) Gleichungen gelöst werden. Numerische Methoden basieren stets auf einer Diskretisierung des Kontinuums, das der Kontrollraum (das System) in einer Beschreibung durch Differentialgleichungen darstellt. Diskretisierung bedeutet dabei, dass ein kontinuierliches Feld durch endlich viele diskrete Einzelwerte approximiert wird.

Die entscheidende Frage ist nun: Wie „engmaschig" muss das Feld der diskreten Werte sein, damit eine akzeptable Approximation an die „wahren Werte" erreicht wird. Ein Blick auf Gleichung (7.11) für $\dot{S}_\mathrm{D}'''$ zeigt, dass die diesbezüglichen Anforderungen für die lokale Entropieproduktionsrate, etwa im Vergleich zu denjenigen bei der Bestimmung der Geschwindigkeitskomponenten u, v und w, besonders hoch sind. Um $\dot{S}_\mathrm{D}'''$ hinreichend genau zu approximieren, müssen die Quadrate von Geschwindigkeitsgradienten hinreichend genau approximiert werden!

Die damit verbundene Problematik soll in Abbildung 7.1 an einem einfachen Fall erläutert werden. Dabei sei eine (dimensionslose) Geschwindigkeit $u_1 = 10$ durch die numerische Approximation „genau getroffen", der um $\Delta x = 1$ versetzte Wert $u_2 = 11$ ist aber mit einem Approximationswert $u_{2\mathrm{app}} = 10{,}5$ „leicht verfehlt".

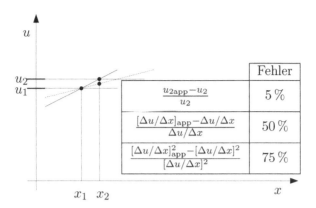

Abbildung 7.1: Erläuterung des Approximationsfehlers bei folgenden Annahmen:
$$\Delta x = x_2 - x_1 = 1$$
$$u_1 = 10 \qquad u_{1\mathrm{app}} = 10$$
$$u_2 = 11 \qquad u_{2\mathrm{app}} = 10{,}5$$

d.h.: $\frac{\Delta u}{\Delta x} = 1 \qquad \left[\frac{\Delta u}{\Delta x}\right]_{\mathrm{app}} = 0{,}5$

Die Tabelle in Abb. 7.1 erläutert nun, dass damit der relative Fehler als $[(\text{WERT}) - (\text{WERT})_{\mathrm{app}}]/(\text{WERT})$ für die Geschwindigkeit u_2 bei 5 % liegt, dass aber der Gradient $\partial u/\partial x \approx \Delta u/\Delta x$ mit einem relativen Fehler von 50 % und dessen Quadrat bereits mit einem relativen Fehler von 75 % behaftet ist!

In Gleichung (7.11) treten aber gerade solche Quadrate von Geschwindigkeitsgradienten auf. Als Konsequenz folgt, dass ein numerisches Gitter hinreichend fein sein muss, um Geschwindigkeitsgradienten bzw. deren Quadrate mit akzeptablen Fehlern approximieren zu können. Dafür entscheidend ist, in welchen Orts- und ggf. auch Zeitabständen sich die Geschwindigkeitswerte nennenswert verändern, weil ein numerisches Gitter so fein sein muss, dass es diese Veränderungen hinreichend genau erfasst.

Diesbezüglich verhalten sich nun laminare und turbulente Strömungen grundsätzlich verschieden. Sie werden im Folgenden nacheinander behandelt und durch drei Beispiele erläutert. Diese behandeln die Durchströmung von geraden Rohr- und Kanalstrecken, für die Verlust-Beiwerte in Form von *Rohr-* bzw. *Kanalreibungszahlen* im berühmten *Moody-Diagramm* zu finden sind. Da im Folgenden mehrfach auf dieses Diagramm Bezug genommen wird, soll es an dieser Stelle als Abb. 7.2 bereits eingeführt werden. Es enthält Reibungszahlen λ_R, die im Folgenden definiert und physikalisch interpretiert werden. Diese sind Funktionen der Reynolds-Zahl Re und der relativen Rauheit $k_\mathrm{S}/D_\mathrm{h}$, die im Beispiel 10 näher erläu-

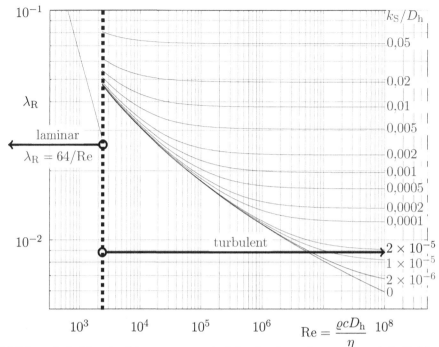

Abbildung 7.2: Moody-Diagramm; engl.: Moody chart, benannt nach L.F. Moody,
der es 1944 in einer amerikanischen Zeitschrift (ASME Transactions) veröffentlicht hat (Moody, 1944).

tert wird. Die Größe D_h, die hier auch in der Reynolds-Zahl als charakteristische
Länge auftritt, ist der hydraulische Durchmesser

$$D_\mathrm{h} = \frac{4A}{U} \qquad (7.12)$$

Dabei ist A die durchströmte Fläche und U der benetzte Umfang. Mit dem hydraulischen Durchmesser sollen unterschiedliche Querschnittsgeometrien einheitlich im
Moody-Diagramm behandelt werden können. Für turbulente Strömungen gelingt
dies mit nur geringen Abweichungen, für laminare Strömungen treten aber zum
Teil erhebliche Abweichungen auf.

7.2.1 Laminare Strömungen

Es handelt sich um Strömungen, bei denen eine Impulsübertragung in benachbarten Fluidbereichen und damit die Ausbildung eines Geschwindigkeitsfeldes ausschließlich auf Effekte im Zusammenhang mit der molekularen Viskosität zurückgehen.

Dies führt zu einer relativ gleichförmigen Verteilung der einzelnen Strömungsgrößen, ohne dass lokal abrupte Änderungen z.B. im Wert einer Geschwindigkeits-

komponente auftreten. Würde man einzelne Fluidteilchen farblich markieren und damit sichtbar machen, so würde man weitgehend glatte Bahnen dieser Teilchenbewegung sehen. Dies führt auch zum Namen *laminar*, der auf den lateinischen Begriff *„lamina: die Schicht"* zurückgeht und anschaulich eine weitgehend ungestörte *Schichtenströmung* beschreibt. Die Veränderungen einzelner Strömungsgrößen in Raum und Zeit (wie z.B. der Geschwindigkeitskomponenten, ihrer Ableitungen oder von Quadraten ihrer Ableitungen) können auf einem relativ groben numerischen Gitter approximiert werden. In solchen Strömungen ist Gleichung (7.11) zur Bestimmung der lokalen Entropieproduktion unmittelbar anwendbar und führt zur gewünschten Information über die gesamte Entropieproduktionsrate $\dot{S}_{\mathrm{D}}$ gemäß Gl. (7.1) und dann zu einem Verlust-Beiwert ζ, s. Gl. (7.4), oder einem Widerstands-Beiwert c_{W}, s. Gl. (7.9).

Laminare Strömungen sind aber leider eher die Ausnahme. Sie treten generell nur bei relativ kleinen Reynolds-Zahlen

$$\mathrm{Re} = \frac{u_{\mathrm{c}} L_{\mathrm{c}}}{\nu} \tag{7.13}$$

auf. In Gl. (7.13) ist u_{c} eine charakteristische Geschwindigkeit und L_{c} eine charakteristische Länge im Strömungsfeld. Die Obergrenze von Reynolds-Zahlen, bis zu denen laminare Strömungen auftreten, die sog. *kritischen Reynolds-Zahlen* $\mathrm{Re}_{\mathrm{krit}}$, sind stark abhängig von der Geometrie des Strömungsfeldes und von den strömungsmechanischen Randbedingungen. Kritische Reynolds-Zahlen liegen z.B. bei Durchströmungen typischerweise in der Größenordnung von 10^3. Z.B. ist die kritische Reynolds-Zahl für eine Rohrströmung $\mathrm{Re}_{\mathrm{krit}} \approx 2300$, für eine Kanalströmung $\mathrm{Re}_{\mathrm{krit}} \approx 1000$, wenn u_{c} jeweils die mittlere Geschwindigkeit im Strömungsquerschnitt ist und L_{c} dem hydraulischen Durchmesser D_{h} entspricht.

Die in Gl. (7.13) auftretenden Größen zeigen, in welchen Situationen vorzugsweise laminare Strömungen auftreten können, weil dann prinzipiell kleine Reynolds-Zahlen mit $\mathrm{Re} < \mathrm{Re}_{\mathrm{krit}}$ vorliegen:

- *kleine Werte von u_{c}:*
  ein typisches Beispiel sind sog. *schleichende Strömungen*, bei denen Geschwindigkeiten extrem kleine Werte annehmen können, wie sie z.B. bei Grundwasserströmungen oder generell bei Strömungen in porösen Medien auftreten.

- *kleine Werte von L_{c}:*
  ein typisches Beispiel sind sog. *Mikroströmungen*, d.h. Strömungen in Bauteilen der Mikrosystemtechnik, bei denen hydraulische Durchmesser in der Größenordnung $10\,\mu\mathrm{m}$ bis $100\,\mu\mathrm{m}$ vorkommen können (Durchmesser eines menschlichen Haares: $\sim 150\,\mu\mathrm{m}$).

- *große Werte von $\nu = \eta/\varrho$:*
  ein typisches Beispiel sind *stark verdünnte Gase*, bei denen dann eine geringe Dichte ϱ und damit eine sehr große kinematische Viskosität ν vorliegt.

In laminaren Strömungen stellt die Bestimmung der Entropieproduktionsraten $\dot{S}_D'''$ auf der Basis von Gleichung (7.11) in der Regel kein Problem dar. Das nachfolgende Beispiel 7 zeigt für einen Fall, in dem das Geschwindigkeitsfeld analytisch beschrieben werden kann (Kanal mit glatten Wänden), wie einfach die Information über $\dot{S}_D$ und dann letztlich auch über den Verlust-Beiwert in einem Postprocessing-Auswerteprozess erhalten werden kann. Im anschließenden Beispiel 8 wird gezeigt, wie numerische Lösungen des Geschwindigkeitsfeldes bei rauen Wänden ebenfalls zu $\dot{S}_D$ bzw. zum Verlust-Beiwert ζ führen.

Beispiel 7: Bestimmung der Reibungszahl einer ausgebildeten laminaren Kanalströmung mit glatten Wänden

In diesem Beispiel wird gezeigt, wie aus der Integration des analytisch vorliegenden Geschwindigkeitsprofils die Entropieproduktion und damit dann auch die Kanalreibungszahl bestimmt werden kann.

Die ausgebildete, laminare Kanalströmung mit den geometrischen Parametern wie in Abb. 7.3 gezeigt, besitzt ein x-unabhängiges parabolisches Geschwindigkeitsprofil[1]

$$\frac{u(y)}{c} = \frac{3}{2}\left[1 - (y/H)^2\right]. \tag{7.14}$$

Da somit im vorliegenden Fall das Geschwindigkeitsfeld in Form einer einfachen analytischen Funktion vorliegt, kann die darin auftretende Entropieproduktion und damit der Exergieverlust durch einmalige Integration ermittelt werden.

Für den allgemeinen Verlust-Beiwert wird im Fall der ausgebildeten Kanalströmung ein spezieller Ansatz als

$$\zeta = \lambda_R \frac{L}{4H} \tag{7.15}$$

gewählt, mit dem der Einfluss der Kanallänge L und der Kanalhöhe $2H$ a priori erfasst wird. Die Höhe $4H$ entspricht hier dem *hydraulischen Durchmesser*[2] D_h.

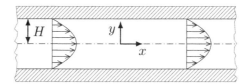

Abbildung 7.3: Ausgebildete laminare Kanalströmung; Kanalhöhe (Wandabstand): $2H$

---

[1]Üblicherweise würde die mittlere Geschwindigkeit hier mit u_m bezeichnet. Da bisher in diesem Buch dafür die Größe c wie bei der eindimensionalen Stromröhrentheorie verwendet worden ist, soll dies auch im Weiteren beibehalten werden.

[2]Für den hydraulischen Durchmesser gilt allgemein $D_h = 4A/U$ mit A als durchströmtem Querschnitt und U als benetztem Umfang. Für den ebenen Kanal gilt: $A = 2HB$ und $U =$

Es gilt dann, die *Kanalreibungszahl* λ_R zu ermitteln. Gemäß der Beziehungen (7.15) und (7.2) gilt dafür

$$\lambda_R = \frac{8H}{c^2}\frac{\varphi}{L} = \frac{8H}{c^2}\frac{\mathrm{d}\varphi}{\mathrm{d}x} \tag{7.16}$$

Im Fall der x-unabhängigen Geschwindigkeitsverteilung kann der Quotient φ/L, der die spezifische Dissipation auf der Länge L beschreibt, durch den Differentialquotienten $\mathrm{d}\varphi/\mathrm{d}x = \mathrm{const}$ ersetzt werden. Dieser besitzt die Bedeutung einer spezifischen Dissipation $\mathrm{d}\varphi$ pro Lauflänge $\mathrm{d}x$.

Mit $\varphi = T_m\dot{S}_D/\dot{m}$ und $\dot{S}_D = \int_V \dot{S}_D''' \mathrm{d}V$ gilt jetzt

$$\frac{\mathrm{d}\varphi}{\mathrm{d}x} = \frac{\mathrm{d}}{\mathrm{d}x}\left[\frac{T_m}{\dot{m}}\int_V \dot{S}_D'''\mathrm{d}V\right] = \frac{T_m}{\dot{m}}\int_{A_m} \dot{S}_D'''\mathrm{d}A \tag{7.17}$$

da sich die Integration und Differentiation in Bezug auf die x-Koordinate gegenseitig aufheben. Es muss also lediglich die lokale Entropieproduktionsrate $\dot{S}_D'''$ über den Kanal-Querschnitt integriert werden.

Bei der ausgebildeten Kanalströmung vereinfacht sich der allgemeine Ausdruck für $\dot{S}_D'''$ gemäß Gl. (7.11) wegen $v = w = \partial u/\partial x = \partial u/\partial z = 0$ zu

$$\dot{S}_D''' = \frac{2\eta}{T_m}\left(\frac{\partial u}{\partial x}\right)^2 \tag{7.18}$$

Eingesetzt in Gl. (7.17) gilt mit $\mathrm{d}A = B\mathrm{d}y$ und B als Kanalbreite

$$\frac{\mathrm{d}\varphi}{\mathrm{d}x} = \frac{2\eta}{\dot{m}}\int\left(\frac{\partial u}{\partial y}\right)^2\mathrm{d}A = 6\frac{\eta}{\dot{m}}\frac{c^2}{H}B \tag{7.19}$$

Daraus folgt für die Kanalreibungszahl λ_R gemäß Gl. (7.16) jetzt

$$\lambda_R = \frac{24}{cH}\frac{\eta}{\varrho} \tag{7.20}$$

bzw. in dimensionsloser Form mit der Reynolds-Zahl $\mathrm{Re}_{Dh} = \varrho c D_h/\eta = \varrho c 4H/\eta$:

$$\boxed{\lambda_R = \frac{96}{\mathrm{Re}_{Dh}} \qquad \text{(ebener Kanal)}} \tag{7.21}$$

Dieselbe Analyse für das Kreisrohr (mit $D_h = D$ und dem zugehörigen wiederum parabolischen Geschwindigkeitsprofil) ergibt

---

$2(2H + B)$, jeweils mit $B \to \infty$, wobei B die Breite (senkrecht zur Zeichenebene) darstellt. Für $B \to \infty$ gilt damit $D_h = 4H$.

$$\lambda_{\mathrm{R}} = \frac{64}{\mathrm{Re}_{\mathrm{Dh}}} \qquad (\mathrm{Kreisrohr}) \qquad (7.22)$$

Dies ist die Rohrreibungszahl λ_{R}, die im berühmten Moody-Diagramm für den Bereich der laminaren Strömung als $\lambda_{\mathrm{R}} = \lambda_{\mathrm{R}}(\mathrm{Re}_{\mathrm{Dh}})$ eingezeichnet ist, s. Abb. 7.2.

Beispiel 8: Bestimmung der Reibungszahl einer ausgebildeten laminaren Kanalströmung mit rauen Wänden

In diesem Beispiel wird gezeigt, wie aus der numerischen Integration des laminaren Geschwindigkeitsfeldes die Entropieproduktion und damit dann auch die Kanalreibungszahl für raue Kanalwände bestimmt werden kann.

Als einziger Unterschied zum vorherigen Beispiel tritt jetzt eine Rauheit der Kanalwände auf, die durch einen dimensionslosen Rauheits-Parameter charakterisiert ist. Dieser wird für regelmäßige Rauheiten als h/D_{h} eingeführt und entspricht dem allgemeinen Rauheits-Parameter $k_{\mathrm{S}}/D_{\mathrm{h}}$ in Abb. 7.2. Diese Abbildung zeigt einen starken Einfluss des Rauheits-Parameters für turbulente Strömungen, aber keinen Einfluss im laminaren Fall. Dies suggeriert, dass bei laminaren Strömungen bzgl. des λ_{R}-Wertes kein Unterschied zwischen glatten und rauen Wänden besteht. Tatsächlich findet man in allen Lehrbüchern zur Strömungsmechanik Moody-Diagramme mit stets einer einzigen Kurve im laminaren Bereich und zusätzlich Aussagen wie: „For laminar flow, $f = 64/\mathrm{Re}$, which is independent of the relative roughness." (zitiert aus Munson u. a. (2005))

Wenn man sich aber vor Augen führt, dass Wandrauheiten zumindest lokal das Geschwindigkeitsfeld stark verändern, und dieses Feld unmittelbar die Entropieproduktion und damit die auftretenden (Exergie-) Verluste bestimmt, ist es kaum vorstellbar, dass kein Unterschied zwischen glatten und rauen Wände bestehen soll.

Um hier Klarheit zu schaffen, können einfache Wandrauheits-Formen auf ihren Einfluss in Bezug auf die Kanalreibungszahl λ_{R} untersucht werden. Dazu werden drei verschiedene Formen von Querrillen gewählt, die in Abb. 7.4 gezeigt sind. In diesem Zusammenhang tritt die Frage auf, mit welchem Wandabstand D_{h} hier die dimensionslosen Kennzahlen gebildet werden sollen, oder prägnanter: „Wo genau liegt die Wand?" Diese Frage wird hier dahingehend beantwortet, dass eine gleichwertige glatte Wand definiert wird, die aus der Bedingung folgt, dass der gedachte gleichwertige glatte Kanal dasselbe Volumen besitzt wie der reale, raue Kanal (Details dazu finden sich in Herwig u. a. (2008))

Wie im vorigen Beispiel (Kanal mit glatter Wand) muss die Entropieproduktion im Kanal durch Integration der lokalen Entropieproduktionsrate bestimmt werden. Jetzt sind die Verhältnisse in einem Kanalquerschnitt aber nicht an jeder

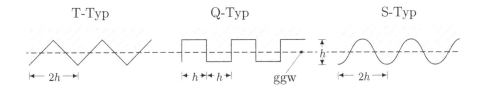

Abbildung 7.4: Drei Arten einer regelmäßigen Wandrauheit in Form von Querrillen; ggw: gleichwertige glatte Wand

Stelle x dieselben, so dass die Umformung (7.17) hier nicht möglich ist. Da es sich aber um eine regelmäßige Rauheit handelt, wiederholen sich die Strömungszustände im Abstand $2h$, s. Abb. 7.4. Deshalb muss nur ein Streifen dieser Breite berechnet werden, wenn die Wiederholung durch sog. *periodische Randbedingungen* sichergestellt wird. Bei dieser Art von Randbedingungen werden auf dem Ein- und Ausströmrand keine festen Werte z.B. für die Geschwindigkeit vorgegeben, sondern es wird gefordert, dass die einzelnen Strömungsgrößen am Ein- und Austritt des Bilanzraumes denselben Zahlenwert besitzen und ein vorgegebener Massenstrom erreicht wird. Aus Symmetriegründen reicht es, nur eine Kanalhälfte zu berechnen, so dass sich das in Abb. 7.5 markierte Lösungsgebiet ergibt. Zusätzlich sind dort die numerischen Gitter für alle drei Rauheitstypen gezeigt. Es handelt sich um eine Diskretisierung mit Dreieckselementen, die zur Wand hin feiner werden, um dort eine höhere Auflösung zu ermöglichen.

Für die *Kanalreibungszahl* λ_R gilt jetzt (vgl. Gl. 7.16)

$$\lambda_\mathrm{R} = \frac{8H}{c^2} \frac{\varphi_{12}}{L_{12}} \tag{7.23}$$

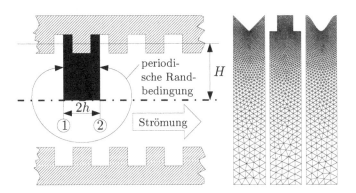

Abbildung 7.5: Wahl des Lösungsgebietes V am Beispiel der Q-Typ-Wandrauheit

wobei φ_{12} die spezifische Dissipation zwischen zwei Querschnitten ① und ②
ist, deren Abstand $L_{12} = 2h$ beträgt. Gemäß Abb. 7.5 ist φ_{12} durch Integration
von $\dot{S}_D'''$ als

$$\varphi_{12} = \frac{2T_m}{\dot{m}} \int\limits_V \dot{S}_D''' dV \tag{7.24}$$

im Lösungsgebiet V bestimmt.

Die Lösung des Geschwindigkeitsfeldes kann einer CFD-Rechnung z.B. mit der
Software FLUENT oder OpenFOAM entnommen werden und dient dann gemäß
Gl. (7.11) zur Ermittlung der lokalen Entropieproduktionsrate $\dot{S}_D'''$ in Gl. (7.24).
Ergebnisse dieser Rechnungen sind in Abb. 7.6 gezeigt. Dort ist die *Poiseuille-
Zahl* Po, definiert als

$$\text{Po} \equiv \lambda_R \text{Re}_{Dh} \tag{7.25}$$

als Funktion der relativen Rauheit $K = h/D_h$ gezeigt. Wie zu erwarten war,
steigt die Poiseuille-Zahl Po und damit auch Kanalreibungszahl λ_R mit steigender
relativer Rauheit an. Der Einfluss der Reynolds-Zahl auf Po ist nur sehr schwach
wie die jeweils korrespondierenden Kurven für $\text{Re}_{Dh} = 1$ und 2300 zeigen.

Ein Blick auf die lokalen Entropieproduktionsraten $\dot{S}_D'''$ in der näheren Umgebung der Rauheitselemente zeigt, dass hohe Raten an den Spitzen bzw. Außenrän-
dern der Rauheitselemente vorliegen, s. Abb. 7.7. Mit solchen Rechnungen ist es
damit möglich, im Detail nachzuvollziehen, wo und warum durch Rauheiten zusätzliche Verluste entstehen. Eine experimentelle Validierung dieser theoretischen
Überlegungen ist für Rauheiten vom Q-Typ in Gloss u. Herwig (2010) vorgenommen worden, s. auch Gloss u. a. (2008).

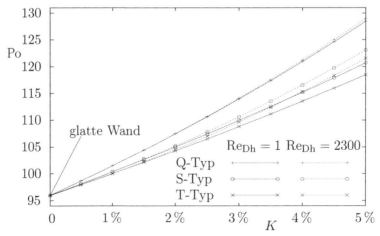

Abbildung 7.6: Poiseuille-Zahl Po $= \lambda_R \text{Re}_{Dh}$ für unterschiedliche relative Rauheiten $K = h/D_h$

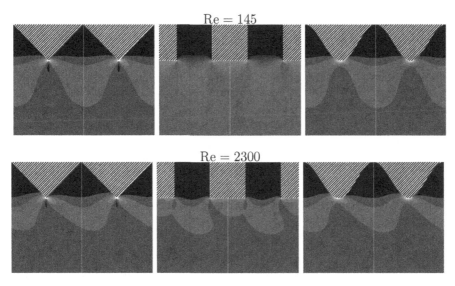

Abbildung 7.7: Verteilung der lokalen Entropieproduktionsraten in der Nähe der Rauheitselemente (dunkel: $\dot{S}_D'''$ klein, hell: $\dot{S}_D'''$ groß)

Anstelle einer einzigen Kurve für laminare Strömungen im Moody-Diagramm muss also genauso wie im turbulenten Bereich eine Kurvenschar auftreten (mit K als Parameter). Abb. 7.8 zeigt ein solches erweitertes Diagramm für ein Rohr mit rillenförmiger Wandrauheit vom Q-Typ.

Für die relativen Rauheiten von 1 % und 5 % sind auch im turbulenten Bereich die zugehörigen Kurven entsprechend markiert worden. Offensichtlich ist der Rau-

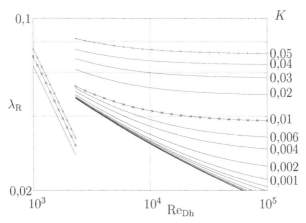

Abbildung 7.8: Erweitertes Moody-Diagramm für ein Rohr mit der Wandrauheit vom Q-Typ
$\times \times \times$: $K = 0{,}01$
$+ + +$: $K = 0{,}05$

heitseinfluss im Turbulenten erheblich stärker als bei laminarer Strömung. Das spätere Beispiel 10 zeigt jedoch, dass mit dem Moody-Diagramm für die turbulente Strömung mit den hier vorliegenden Wandrauheiten nur die Größenordnung des Rauheitseinflusses annähernd richtig wiedergegeben wird, der tatsächliche Verlauf aber deutlich von den beiden in Abb. 7.8 markierten Kurven abweicht.

Während das „klassische" Moody-Diagramm mit dem Sandrauheits-Konzept von Nikuradse prinzipiell auf alle Formen von Rauheiten anwendbar ist, liegt im laminaren Bereich nur das Ergebnis für die speziell untersuchte Rauheitsform vor, zu Einzelheiten dieses Sachverhaltes siehe z.B. Herwig u. a. (2010a).

Beispiel 9: Bestimmung des Verlust-Beiwertes eines laminar durchströmten $90°$-Krümmers

In diesem Beispiel wird gezeigt, wie aus der numerischen Integration des laminaren Geschwindigkeitsprofils vor dem, im und nach dem Krümmer die (z.T. zusätzliche) Entropieproduktion und damit dann auch der Verlust-Beiwert des Krümmers bestimmt werden kann.

Unter Anwendung der Definition (7.4) für den Verlust-Beiwert eines einzelnen Bauteils soll der ζ-Wert eines $90°$-Krümmers mit quadratischem Querschnitt und einem Krümmungsradius $R/D_\mathrm{h} = 1$ ermittelt werden. Dieser Krümmer befindet sich in einer Kanalstrecke und beeinflusst die Strömung sowohl stromauf- als auch stromabwärts. Abb. 7.9 zeigt den Krümmer zusammen mit den Vor- bzw. Nachlaufstrecken L_V und L_N, in denen die Beeinflussung der ansonsten unbeeinflussten, ausgebildeten Kanalströmung erwartet wird. Wie bereits im Zusammenhang mit der allgemeinen Definition des Verlust-Beiwertes für Bauteile diskutiert worden ist, gilt es, die Verluste zu bestimmen, die durch den Krümmer bewirkt werden. Diese setzen sich zusammen aus:

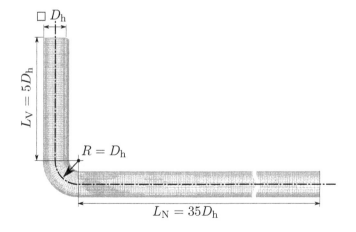

Abbildung 7.9: $90°$-Krümmer mit Vor- und Nachlaufstrecken

- den Verlusten im Krümmer selbst $\dot{S}_K$

- den zusätzlichen Verlusten vor dem Krümmer $\Delta\dot{S}_V = \dot{S}_V - \dot{S}_{V,0}$

- den zusätzlichen Verlusten nach dem Krümmer $\Delta\dot{S}_N = \dot{S}_N - \dot{S}_{N,0}$.

Unter den zusätzlichen Verlusten ist hier jeweils der Anteil der Verluste zu verstehen, der in der Vor- bzw. Nachlaufstrecke gegenüber dem Fall der ausgebildeten Strömung hinzukommt. Die zusätzlichen Entropieproduktionsraten im Vor- und Nachlauf ergeben sich jeweils als Differenz zu den Werten $\dot{S}_{V,0}$ und $\dot{S}_{N,0}$ der ausgebildeten Kanalströmungen.

Der Verlust-Beiwert wird damit, vgl. Gl. (7.4)

$$\zeta = \frac{2T_m}{c^2\dot{m}}\underbrace{\left[\left(\dot{S}_V - \dot{S}_{V,0}\right) + \dot{S}_K + \left(\dot{S}_N - \dot{S}_{N,0}\right)\right]}_{\dot{S}_D} \tag{7.26}$$

Bevor konkrete Werte für ζ ermittelt werden, sollte die erwartete Reynolds-Zahl-Abhängigkeit in einem entsprechenden Ansatz $\zeta = \zeta(\mathrm{Re})$ berücksichtigt werden. Diese Abhängigkeit ist in Abschnitt 7.1.1 bereits ausführlich diskutiert und in Tab. 7.1 festgehalten worden. Für den hier vorliegenden Fall ergibt sich daraus ein Grenzwertverhalten wie folgt:

- $\zeta \sim \mathrm{Re}^{-1}$ für kleine Re-Zahlen ($\mathrm{Re} \to 0$)

- $\zeta = \mathrm{const}$ für große Re-Zahlen ($\mathrm{Re} \to \infty$)

Damit bietet sich folgender Ansatz an:

$$\zeta = C_1 + C_2/\mathrm{Re} \tag{7.27}$$

oder nach einem Vorschlag von Churchill u. Usagi (1974) für Kurvenverläufe mit zwei bekannten Asymptoten:

$$\zeta = \left[\hat{C}_1^{\,m} + \left(\hat{C}_2/\mathrm{Re}\right)^m\right]^{1/m} \tag{7.28}$$

Damit gilt es, entweder die Konstanten C_1 und C_2 oder die Konstanten $\hat{C}_1$, $\hat{C}_2$ und m zu ermitteln. Dies erfordert Werte von ζ für entsprechend viele Reynolds-Zahlen, um daraus durch Anpassung von Gl. (7.27) bzw. (7.28) die entsprechenden Konstanten zu bestimmen.

Auf Details der numerischen Lösung und insbesondere darauf, wie die zusätzlichen Entropieproduktionsraten bestimmt werden, soll hier nicht näher eingegangen werden. Es sei diesbezüglich und für weitere Details auf Herwig u. a. (2010b) verwiesen. Hier sollen nur die detaillierten Ergebnisse der numerischen Lösungen vorgestellt und diskutiert werden. Dabei werden der Vor- und Nachlaufbereich durch zwei Längen charakterisiert, die wie folgt definiert sind

- Vorlaufbereich: $\hat{L}_V$ als Länge, auf der 95 % von $\dot{S}_V - \dot{S}_{V,0}$ auftritt

- Nachlaufbereich: $\hat{L}_N$ als Länge, auf der 95 % von $\dot{S}_N - \dot{S}_{N,0}$ auftritt

Damit sind $\hat{L}_V$ und $\hat{L}_N$ kleiner als die in Abb. 7.9 vorgesehenen Einflussbereiche der Längen L_V und L_N, sie sind aber von deren Größenordnung. Die Bestimmung der vollständigen zusätzlichen Entropieproduktionsraten $\Delta\dot{S}_V$ und $\Delta\dot{S}_N$ erfolgt weiterhin über die gesamten Längen L_V bzw. L_N. Das charakteristische 95 % Kriterium wurde eingeführt, weil $\Delta\dot{S}_V$ und $\Delta\dot{S}_N$ asymptotisch auf den Wert Null abklingen.

Tabelle 7.2 enthält die Details der numerischen Lösung für acht verschiedene Reynolds-Zahlen. Eine Anpassung des Ansatzes (7.28) an diese Ergebnisse ergibt für den Verlust-Beiwert des 90°-Krümmers die folgende Beziehung, die in Abb. 7.10 graphisch dargestellt ist.

$$\zeta_{90°} = \left[2{,}20^{2,19} + (88{,}98/\mathrm{Re})^{2,19}\right]^{1/2,19} \tag{7.29}$$

Es ist deutlich erkennbar, dass die kleinen bzw. großen Werte der Reynolds-Zahl bereits im Bereich des jeweils asymptotischen Verhaltens der $\zeta(\mathrm{Re})$-Beziehung liegen.

Aus Tabelle 7.2 gehen insbesondere folgende Aussagen hervor:

- Für steigende Reynolds-Zahlen verlagern sich die Verluste immer mehr in den stromabwärtigen Kanalabschnitt. Für Re = 512 treten dort mehr als 70 % der gesamten Verluste auf.

- Der stromaufwärtige Kanalabschnitt spielt für die Verluste praktisch keine Rolle.

Tabelle 7.2: Details der numerischen Lösung für den laminar durchströmten 90°-Krümmer; Zahlenwerte in Klammern sind mit hohen numerischen Unsicherheiten belastet

Re	$\frac{\Delta\dot{S}_V}{\dot{S}_D}$	$\frac{\dot{S}_K}{\dot{S}_D}$	$\frac{\Delta\dot{S}_N}{\dot{S}_D}$	$\frac{\hat{L}_V}{D_h}$	$\frac{\hat{L}_N}{D_h}$	ζ
4	(0,0045)	0,9954	(0,0001)	(0,3320)	(0,0779)	22,19
8	(0,0066)	0,9913	(0,0022)	(0,4048)	(0,4347)	11,25
16	0,0097	0,9727	0,0176	0,4505	0,9091	5,91
32	0,0127	0,8985	0,0888	0,5183	1,3720	3,46
64	0,0130	0,7262	0,2609	0,5724	2,1634	2,53
128	0,0104	0,5367	0,4529	0,6147	3,4676	2,26
256	0,0077	0,4029	0,5894	1,0797	8,3494	2,17
512	0,0040	0,2859	0,7101	0,3791	15,1179	2,27

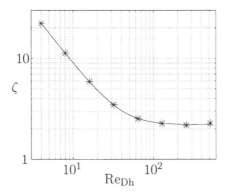

Abbildung 7.10: Verlust-Beiwert des 90°-Krümmers bei verschiedenen Reynolds-Zahlen
—: Ansatz (7.28) mit $\hat{C}_1 = 2{,}2$; $\hat{C}_2 = 88{,}98$; $m = 2{,}19$
∗: Ergebnisse aus Tabelle 7.2

- Der Nachlaufbereich, in dem nennenswerte Teile der durch den Krümmer bedingten Verluste auftreten, wächst in seiner Länge mit steigender Reynolds-Zahl stark an. Für Re = 512 hat er bereits mehr als das fünfzehnfache des hydraulischen Durchmesser erreicht.

Die so beschriebene physikalische Situation wird auch aus der Verteilung der Entropieproduktionsraten über der Lauflänge deutlich. Abb. 7.11 zeigt diesen Verlauf für die kleinste und die größte Reynolds-Zahl in Tab. 7.2. Unter Beachtung des jeweiligen Maßstabes wird deutlich, dass die Entropieproduktionsraten mit wachsender Reynolds-Zahl immer mehr im Nachlaufbereich auftreten. Dies

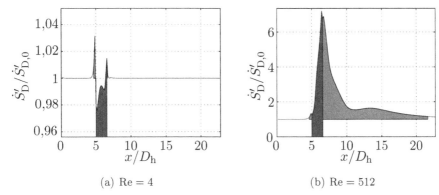

(a) Re = 4   (b) Re = 512

Abbildung 7.11: Verteilung der querschnittsgemittelten Entropieproduktionsraten $\dot{S}'_\mathrm{D}$ entlang der Strömung, bezogen auf den Wert der ausgebildeten Strömung $\dot{S}'_{\mathrm{D},0}$
Die Lage des Krümmers ist durch den dunklen Balken der Entropieproduktionsraten im Krümmer erkennbar.

hat erhebliche Auswirkungen, wenn mehrere solcher 90°-Krümmer in dichter Abfolge hintereinander angeordnet werden, wie ausführlich in Herwig u. a. (2010b) diskutiert wird.

7.2.2 Turbulente Strömungen

Oberhalb der kritischen Reynolds-Zahl für eine bestimmte Geometrie mit den zugehörigen strömungsmechanischen Randbedingungen sind Strömungen nicht mehr laminar. Es liegt dann eine völlig andere Strömungsphysik vor, die nicht mehr ausschließlich durch molekular viskose Effekte bestimmt ist.

Eindeutig turbulente Strömungen, die im Folgenden genauer bzgl. ihrer Physik erläutert werden, treten aber erst jenseits eines Übergangsbereiches in der Reynolds-Zahl auf. Dieser wird bisweilen auch Transitionsbereich genannt. Für das Verständnis der Physik turbulenter Strömungen sind die Vorgänge im Übergangsbereich der Reynolds-Zahl von großer Bedeutung, da mit ihnen die Entstehung der Turbulenz genauer untersucht werden kann. Im Rahmen des vorliegenden Buches kann aber nur eine grobe Beschreibung der Vorgänge gegeben werden, die insgesamt die Physik turbulenter Strömungen ausmacht.

Als Folge von Instabilitäten in der Strömung kommt es zu einer Situation, in der (stets vorhandene Störungen) nicht mehr gedämpft werden, sondern stark anwachsen können. Es entsteht dann eine Strömung, in der sich die einzelnen Strömungsgrößen innerhalb sehr kurzer Entfernungen und sehr schnell verändern, allerdings so, dass diese Veränderungen als Schwankungen um einen u.U. langsam veränderlichen Mittelwert dargestellt werden können.

Ein typisches Signal, mit dem z.B. eine der drei Geschwindigkeitskomponenten im Strömungsfeld an einem Ort als Funktion der Zeit aufgenommen worden ist, zeigt Abb. 7.12 für eine turbulente Strömung im Vergleich zu einer entsprechenden Größe in einer laminaren Strömung. In dem turbulenten Signal gibt es offensichtlich eine zeitlich langsam verlaufende Veränderung und überlagerte Schwankungen hoher, aber uneinheitlicher Frequenz. Die Größe u kann man in diesem Sinne aus einem Mittelwert und überlagerten Schwankungen zusammengesetzt interpretieren, also als

$$u = \overline{u} + u' \tag{7.30}$$

Dabei wird $\overline{u}$ als *zeitlicher Mittelwert* eingeführt, also als

$$\overline{u} \equiv \frac{1}{\Delta t} \int\limits_{t}^{t+\Delta t} u \, \mathrm{d}t \tag{7.31}$$

mit

$$u' = u - \overline{u}. \tag{7.32}$$

Die Problematik in der Definition (7.31) besteht darin, die dort definierte Zeitintegration von der Instationarität zu trennen, die weiterhin im Mittelwert $\overline{u}$ zum Ausdruck kommen kann, wie dies Abb. 7.12(b) zeigt. Dies gelingt aber z.B.,

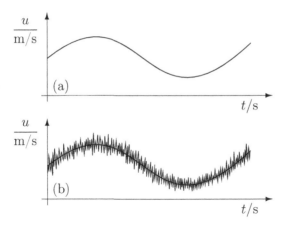

Abbildung 7.12: Typische Verläufe einer Geschwindigkeitskomponente u an einem
festen Ort als Funktion der Zeit t
(a) für eine (instationäre) laminare Strömung
(b) für eine (instationäre) turbulente Strömung

wenn Δt in Gl. (7.31) klein ist, so dass langsame Veränderungen, die sich in Zeiten
deutlich größer als Δt manifestieren, nicht in der Integration „verschwinden". Es
entsteht dann eine mittlere Größe $\overline{u}$, die durchaus noch mit der Zeit (langsam)
veränderlich ist. In diesem Sinne gibt es instationäre turbulente Strömungen.

Ein typisches Beispiel ist die Strömung durch die Leitschaufeln einer Turbine,
der durch die periodisch passierenden Laufschaufeln eine starke Instationarität
aufgeprägt wird.

Das hier zunächst für eine Geschwindigkeitskomponente $\overline{u}$ gezeigte prinzipielle
Verhalten gilt in turbulenten Strömungen für alle Strömungsgrößen, also für die
beiden anderen Geschwindigkeitskomponenten v und w, für den Druck p, aber
auch für die Temperatur T, wenn dem Strömungsfeld ein Temperaturfeld überlagert ist.

Wenn nun die Entropieproduktion gemäß Gl. (7.1) für eine solche Strömung
ermittelt werden soll ist die Problematik offensichtlich: Es bedarf extrem feiner
Rechengitter und zeitlicher Diskretisierung, wobei dabei noch unterstellt werden
muss, dass die Raum- und Zeitkonstanten (mit denen die Schwankungsgrößen
beschrieben werden können) nicht beliebig klein sind!

Bevor dies weiter erörtert wird, soll kurz auf die physikalischen Modellvorstellungen eingegangen werden, mit denen man versucht, die komplizierte Physik
turbulenter Strömungen näherungsweise zu beschreiben. Dies gibt dann auch die
entscheidenden Hinweise, wie die Entropieproduktion in turbulenten Strömungen
bestimmt werden kann.

Das turbulente Energiespektrum

Bei der Beobachtung turbulenter Strömungen entsteht der Eindruck, dass die starken Schwankungen durch wirbelartige Strukturen im Strömungsfeld hervorgerufen werden. Es handelt sich aber nicht um die Überlagerung diskreter Einzelwirbel unterschiedlicher Größe, sondern um ein kontinuierliches „Wirbelspektrum". Mit der Vorstellung, einen Wirbel in seiner Größe durch eine bestimmte charakteristische (Wellen-)Länge λ_e bzw. eine zugehörige Wellenzahl $k_e = 2\pi/\lambda_e$ zu charakterisieren, wird das „Wirbelspektrum" durch einen bestimmten kontinuierlichen Wellenzahlbereich festgelegt. Die Wirbel sind in ihrer Größe nach oben durch die Abmessungen des Strömungsgebietes mit einer typischen charakteristischen Länge (z.B. dem Durchmesser bei einer Rohrströmung) L_c begrenzt. In diesem Sinne gibt es also kleinste Wellenzahlen, die eine turbulente Strömung charakterisieren. Aber auch am anderen Ende des Wirbelspektrums gibt es eine Begrenzung, weil Wirbel nicht beliebig klein sein können. Je kleiner die Wirbel sind, umso größer sind die lokal auftretenden (momentanen und räumlichen) Geschwindigkeitsgradienten und damit auch die Wirkung der Viskosität des Fluids. In dem verstärkten Dissipationsprozess bei kleinen Wirbeln werden diese quasi „vernichtet", weil die mechanische Energie ihrer Bewegung in innere Energie umgewandelt wird (dissipiert).

Bezüglich des „Energiehaushaltes" in turbulenten Strömungen besteht damit eine Vorstellung, die in Abb. 7.13 skizziert ist. In dieser Abbildung ist schematisch beschrieben, welchen „Weg" die Energie von der Bereitstellung als Antriebsenergie bis letztlich zur Erwärmung der Umgebung in einer stationären Situation nimmt, in der wegen der Stationarität keine Speicherung oder Entnahme von Energie vorkommt. Nach dieser Vorstellung werden zunächst große Wirbel in der Strömung erzeugt, was „Antriebsenergie" erfordert und als *Turbulenzproduktion* bezeichnet wird. Diese großräumigen Wirbel zerfallen in einem sog. *Kaskadenprozess* zu immer kleineren Wirbeln, womit ein entsprechender Energietransfer in Richtung steigender Wellenzahlen verbunden ist. Es können allerdings keine beliebig kleinen Wirbel entstehen, weil die *turbulente Dissipation* innerhalb der Wirbelbewegung die kinetische Energie der (kleinen) Wirbel „aufzehrt" und damit den Kaskadenprozess des Wirbelzerfalls bei hohen Wellenzahlen zum Erliegen bringt.

Diese Vorstellung über den „Energiepfad" in einer turbulenten Strömung wird durch gemessene Energiespektren bestätigt, in denen die Verteilung der kinetischen Energie der turbulenten Strömung über der Wellenzahl k_e aufgetragen ist. Abb. 7.14 zeigt ein solches typisches Energiespektrum, in dem mit F_x, F_y und F_z die sog. *Spektralfunktionen* für die drei Geschwindigkeitskomponenten u, v und w gezeigt sind. Diese Funktionen sind ein Maß für die kinetische Energie, die in den Schwankungsbewegungen u', v' und w' gespeichert ist und zeigen, wie diese über die Wellenzahl k_e verteilt ist. Große Wirbel (kleine Wellenzahlen k_e) besitzen demnach hohe Energieanteile, die im Zuge der Turbulenzproduktion durch die Antriebsleistung bereitgestellt werden. Im Kaskadenprozess entstehen immer kleinere Wirbel, deren relative Energieanteile stets geringer werden, bis im „finalen"

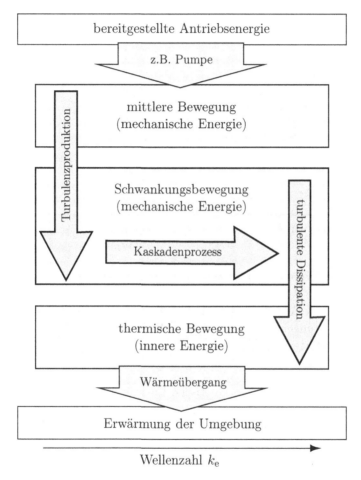

Abbildung 7.13: „Energiepfad" einer stationären turbulenten Strömung von der bereitgestellten mechanischen Energie bis zur Erwärmung der Umgebung durch die innere Energie, die von der Strömung abgegeben wird.

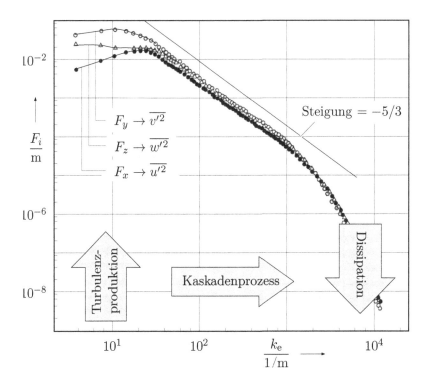

Abbildung 7.14: Typisches Energiespektrum einer turbulenten Strömung
k_e: Anzahl von Schwingungen pro Längeneinheit (Wellenzahl)
F_i: Anteil der kinetischen Energie der Geschwindigkeitsschwankungen in i-Richtung pro Wellenanzahl
Daten aus Champagne (1978)

Dissipationsprozess die gesamte kinetische Energie in innere Energie des Fluides übergeht.

Direkte numerische Simulation (DNS)

Eine genauere Analyse des Dissipationsprozesses ergibt, dass für die charakteristische Länge l_k der kleinsten Wirbel in einer Strömung gilt

$$l_k \approx L_c \, \text{Re}^{-3/4}. \tag{7.33}$$

Diese sog. *Kolmogorov-Länge* als Maß für die kleinsten Wirbel ist somit für große Reynolds-Zahlen $\text{Re} = u_c L_c / \nu$ erheblich kleiner als L_c, dem Maß für die größten auftretenden Wirbel. Zum Beispiel gilt mit $L_c = 0{,}1 \, \text{m}$

für $\text{Re} = 10^4$: $l_k \approx 0{,}1 \, \text{mm}$

für $\text{Re} = 10^6$: $l_k \approx 0{,}003 \, \text{mm}$

als Maß für die kleinsten Wirbel. Da der Dissipationsprozess vornehmlich bei diesen kleinsten Wirbeln auftritt, muss eine Erfassung dieses Prozesses über die Bestimmung der Entropieproduktion die Strömung numerisch bis in diese Details auflösen! Wenn ein Gebiet mit den Abmessungen $L_c = 0,1\,\mathrm{m}$ in allen drei Raumrichtungen in finite Volumen der Kantenlänge l_k aufgeteilt werden soll, so ist deren Anzahl N

$$\text{für Re} = 10^4: \qquad N \approx 10^9$$
$$\text{für Re} = 10^6: \qquad N \approx 3 \times 10^{13}.$$

Zusätzlich muss beachtet werden, dass die Zeitschritte sehr klein sein müssen, um die Strömung auch in ihrem zeitlichen Verlauf im Detail erfassen zu können.

Eine solche Berechnung turbulenter Strömungen in allen Details ist extrem aufwendig und auch erst seit wenigen Jahren für relativ große Reynolds-Zahlen (etwa bis Re $= 10^5$ für Rohr- und Kanalströmungen) möglich. Rechenzeiten werden in diesem Zusammenhang auch und gerade auf den leistungsstärksten (hoch parallelisierten) Computern nicht in Sekunden oder Minuten, sondern in Wochen und Monaten gezählt! Diese Vorgehensweise wird *Direkte Numerische Simulation* genannt und mit den drei Buchstaben DNS abgekürzt (engl.: direct numerical simulation). Für konkrete Anwendungen bei technisch relevanten Strömungen kommt die numerische Berechnung als DNS auch in Zukunft nicht in Frage.

Turbulenzmodellierung (RANS)

Als grundsätzliche Alternative zur Direkten Numerischen Simulation turbulenter Strömungen bietet sich ein Vorgehen an, das historisch am Anfang der über einhundert jährigen Geschichte der Turbulenzforschung stand. Die Grundidee besteht darin, anstelle des eigentlichen Geschwindigkeitsfeldes $\vec{v}$ nur das Feld der zeitgemittelten Geschwindigkeit $\bar{\vec{v}}$ zu berechnen. Der Vorschlag geht auf O. Reynolds[1] zurück, der 1895 vorschlug, alle turbulent schwankenden Größen, hier gezeigt für eine allgemeine Größe a, wie folgt in eine mittlere und eine Schwankungsgröße aufzuspalten

$$a(x,y,z,t) = \bar{a}(x,y,z) + a'(x,y,z,t) \qquad (7.34)$$

mit

$$\bar{a} = \frac{1}{\Delta t} \int\limits_{t}^{t+\Delta t} a\,\mathrm{d}t \qquad ; \qquad a' = a - \bar{a} \quad \rightarrow \quad \overline{a'} = 0 \qquad (7.35)$$

Diese Aufspaltung wurde bereits in Gl. (7.30)-(7.32) für die Geschwindigkeitskomponente u eingeführt. Dort wurde auch die Option erörtert, dass a weiterhin auf eine spezielle Weise zeitabhängig sein kann, was dann instationären turbulenten Strömungen entspricht.

---

[1]Osborne Reynolds (1842-1912), Professor für Civil and Mechanical Engineering am Owens College in Manchester/England

Wenn die Aufspaltung gemäß Gl. (7.34) für alle turbulent schwankenden Größen in den vollständigen Grundgleichungen vorgenommen wird und diese Gleichungen dann anschließend einer Zeitmittelung unterworfen werden, so entstehen die Gleichungen für die zeitgemittelten Größen $\bar{a}$.

Auf der Basis der Navier–Stokes-Gleichungen (Grundgleichungen für Newtonsche Fluide) entstehen dabei die sog. *Reynolds-Averaged-Navier–Stokes*-Gleichungen, abgekürzt als RANS. In einer Version für instationäre turbulente Strömungen bleibt die Zeitabhängigkeit der gemittelten Größen erhalten und folgerichtig ergibt sich ein System URANS mit U für *Unsteady*. Details der Herleitung können Standard-Lehrbüchern der Strömungsmechanik entnommen werden, wie z.B. Herwig (2006).

Als entscheidender Aspekt bei der Herleitung stellt sich heraus, dass die so abgeleiteten Gleichungen für die zeitgemittelten Größen zunächst nicht lösbar sind, weil sie mehr Unbekannte enthalten als Gleichungen zur Verfügung stehen. Man nennt dies das *Schließungsproblem* im Zusammenhang mit der mathematischen Beschreibung turbulenter Strömungen. Es entsteht, weil im Zuge der Herleitung immer dann zusätzliche Terme entstehen (die zunächst weitere Unbekannte enthalten), wenn zwei turbulente Größen a_1 und a_2 in den Gleichungen miteinander multipliziert werden. Nach der Aufspaltung in $\bar{a}_1 + a_1'$ und $\bar{a}_2 + a_2'$ entstehen im Zuge der Zeitmittelung prinzipiell drei Arten von Termen, wobei die zweite und dritte Art „neue Terme" darstellen.

- $\overline{\bar{a}_1 \bar{a}_2} = \bar{a}_1 \bar{a}_2$ (7.36)
- $\overline{\bar{a}_1 a_2'} = 0$ (7.37)
- $\overline{a_1' a_2'} = ?$ (7.38)

Kritisch sind die Terme der Art (7.38). Es gilt $\overline{a_i'^2} \neq 0$, aber auch $\overline{a_1' a_2'}$ ist immer dann von null verschieden, wenn die Schwankungsgrößen a_1' und a_2' auf irgendeine Weise physikalisch miteinander korrelieren. Nur wenn a_1' und a_2' völlig unbeeinflusst voneinander schwanken würden, wäre das Produkt $a_1' a_2'$ mit gleicher Wahrscheinlichkeit positiv oder negativ und deshalb die Zeitmittelung $\overline{a_1' a_2'} = 0$. Da aber z.B. u' und v' an einer bestimmten Stelle im Strömungsfeld in der lokalen Wirbelstruktur entstehen, liegt eine gegenseitige Kopplung (allerdings leider unbekannter Art) vor. So entstehen in den Gleichungen für die zeitgemittelten Strömungsgrößen eine Reihe von Termen, die neue unbekannte Größen (wie z.B. $\overline{u'^2}$, $\overline{u'v'}$, ...) enthalten.

In den Impulsgleichungen (Navier–Stokes-Gleichungen) entsteht auf diese Weise neben dem viskosen Spannungstensor (neun Terme) ein zusätzlicher sog. *turbulenter Spannungstensor* mit ebenfalls neun Termen. Dieser legt die Interpretation nahe, dass neben den neun viskosen Spannungen (3 Normal-, 6 Schubspannungen) jeweils entsprechende zusätzliche turbulente Spannungen entstehen.

Das Gleichungssystem kann nur geschlossen werden, wenn die neuen turbulenten Größen als Funktionen der ursprünglichen unbekannten Größen (wie z.B. $\bar{u}$, $\bar{v}$,

...) formuliert werden können. Dies kann man so interpretieren, dass Gleichungen für die neuen, unbekannten Turbulenzgrößen aufgestellt werden, was man etwas verallgemeinernd als *Turbulenzmodellierung* bezeichnet.

Hier eröffnet sich nun das weite Feld der Modellierung turbulenter Einflüsse auf die Strömung, wobei ganz grob nach zwei Kategorien von Turbulenzmodellen unterschieden werden kann. Dies soll am Beispiel des turbulenten Spannungstensors erläutert werden, bevor auf spezielle Aspekte im Zusammenhang mit der Entropieproduktion eingegangen wird.

1. *Wirbelviskositäts-Modelle*:

   Die Wirkung der Turbulenz wird physikalisch so interpretiert, als entspräche sie einer Erhöhung der Viskosität im Fluid. Die Viskosität ist für Newtonsche Fluide eine Stoffgröße, die als entscheidender Faktor im molekularen Spannungstensor auftritt. Im Fall einer einfachen laminaren Strömung, bei der von den neun Komponenten des Spannungstensors nur eine dominierende Komponente τ (jetzt ohne Indizierung) verbleibt, gilt für diese molekulare Spannung ein einfacher Zusammenhang wie in einer bestimmten Situation z.B.

   $$\tau = \eta \frac{\mathrm{d}u}{\mathrm{d}y} \tag{7.39}$$

   Die Viskosität η stellt somit das „Bindeglied" zwischen einem Geschwindigkeitsgradienten $\mathrm{d}u/\mathrm{d}y$ und der daraus folgenden Schubspannung τ dar. Wenn nun Turbulenz hinzukommt, so tritt neben der molekularen Schubspannung τ eine zusätzliche turbulente Schubspannung τ_t auf. Für diese wird ein zu Gl. (7.39) analoger Ansatz

   $$\tau_\mathrm{t} = \eta_\mathrm{t} \frac{\mathrm{d}\overline{u}}{\mathrm{d}y} \tag{7.40}$$

   formuliert, wobei jetzt für die Schubspannung insgesamt gelten soll

   $$\tau + \tau_\mathrm{t} = (\eta + \eta_\mathrm{t}) \frac{\mathrm{d}\overline{u}}{\mathrm{d}y}. \tag{7.41}$$

   Wenn nun η_t bekannt ist, so ist das zugrunde liegende Gleichungssystem geschlossen, weil der neue, unbekannte Term τ_t an das gesuchte Geschwindigkeitsfeld gekoppelt worden ist. Auch für komplexe Strömungen wird neben dem einen Stoffwert η nur eine zusätzliche skalare Größe η_t, die sog. *turbulente Viskosität* oder auch *Schein-* bzw. *Wirbelviskosität*, eingeführt. Anders als die molekulare Größe η ist η_t aber keine Stoffgröße, sondern eine Strömungsgröße und mithin als $\eta_\mathrm{t}(x, y, z, t)$ eine Feldfunktion. Die Bestimmung von η_t im Rahmen der hier beschriebenen Turbulenzmodellierung kann auf sehr unterschiedliche Weise erfolgen. In einfachen Modellen werden dafür algebraische Funktionen aufgestellt, in komplexeren Modellen (wie z.B. im weit verbreiteten k–ε-Modell) ist die Lösung von zwei partiellen Differentialgleichungen erforderlich, um $\eta_\mathrm{t}(x, y, z, t)$ zu ermitteln.

Da alle diese Modelle letztlich „nur" die zusätzliche skalare Wirbel-viskosität η_t bestimmen, werden sie einheitlich als Wirbelviskositäts-Turbulenzmodelle bezeichnet.

Wenn man bedenkt, dass mit einer solchen Modellierung die Lösung eines Problems, das auf der Basis der DNS-Vorgehensweise Rechenzeiten in der Größenordnung von Monaten auf „Supercomputern" erfordert, auf eine Nä-herungslösung reduziert ist, die meist innerhalb weniger Minuten auf einem „Heimcomputer" bestimmt werden kann, so wird deutlich, dass damit eine drastische Modellierung einhergeht. Es ist immer wieder erstaunlich, dass diese extreme Vereinfachung der realen physikalischen Situation zu einiger-maßen realistischen Vorhersagen in Bezug auf turbulente Strömungen führt.

Innerhalb der Modellvorstellung, Turbulenz durch eine scheinbare, zusätzli-che Viskosität η_t zu beschreiben, gibt es zwei wesentliche Aspekte von η_t im Vergleich zur molekularen Viskosität η:

- Fast überall gilt $\eta_t \gg \eta$
- Die scheinbare Viskosität ist räumlich veränderlich

Beide Aspekte sind gleichermaßen von Bedeutung. Man könnte versucht sein, eine noch einfachere Modellierung darin zu sehen, dass $\eta_t >> \eta$ gilt, aber η_t im Feld als konstant unterstellt wird. Damit würde aber nichts ande-res als eine laminare Strömung bei einer um den Faktor η_t/η verkleinerten Reynolds-Zahl beschrieben, da $\mathrm{Re} = \varrho u_c L_c/\eta$ gilt. Erst wenn η_t variabel ist (und insbesondere an einer festen Wand $\eta_t = 0$ gilt) wird der entschei-dende Unterschied zwischen einer laminaren und einer turbulente Strömung modellmäßig erfasst.

2. *Reynolds-Spannungs-Modelle*:

   Bei dieser Klasse von Turbulenzmodellen wird auf die Einführung einer Wir-belviskosität η_t verzichtet. Stattdessen werden die Komponenten des turbu-lenten Spannungstensors einzeln und direkt modelliert. Dies kann mit Hilfe von Differentialgleichungen für die einzelnen Komponenten geschehen, in einfachen Modellen aber auch durch die Formulierung von algebraischen Modellgleichungen.

In fast allen Modellgleichungen tritt als ein Aspekt die turbulente Dissipation ε auf, so dass in dem Gleichungssystem dann auch eine Gleichung für diese Dissipati-on (ε-Gleichung) enthalten ist. Dies spielt im Zusammenhang mit der Bestimmung der Entropieproduktion in turbulenten Strömungen eine wichtige Rolle.

Grobstruktur-Simulation (LES)

Bisher waren die *Simulation* (Direkte numerische Simulation, DNS), und die *Modellierung* (Turbulenzmodellierung, RANS), als grundsätzlich alternative Vor-gehensweisen zur theoretischen Beschreibung turbulenter Strömungen behandelt worden.

Als deutlich wurde, dass auch bei weiterhin schneller Entwicklung der Computer in Richtung kürzerer Rechenzeiten und steigender Speicherkapazität die direkte numerische Simulation in überschaubarer Zukunft keine Alternative bei der Berechnung technisch relevanter Probleme sein kann, hat man begonnen, Simulation und Modellierung sinnvoll miteinander zu kombinieren. Diese Vorgehensweise wird *Grobstruktur-Simulation* (engl.: large eddy simulation, LES) genannt, s. z.B. Fröhlich (2006).

Wie bei der direkten numerischen Simulation werden auch bei der Grobstruktur-Simulation die zeitabhängigen Grundgleichungen numerisch gelöst, jedoch erfolgt dabei eine sog. *Filterung* der Gleichungen. Diese Filterung kann beispielsweise dadurch erreicht werden, dass die Navier–Stokes-Gleichungen über ein Maschenvolumen (eines relativ groben Gitters) integriert werden. Diese integrierten *Grobstrukturgrößen* (bei einem reinen Strömungsproblem die drei Geschwindigkeitskomponenten und der Druck), sind dann in einem Volumen konstant, ändern sich jedoch von Maschenvolumen zu Maschenvolumen und mit der Zeit, sind also „grob" ortsabhängige Momentanwerte.

Bei der Integration über die Maschenvolumen entsteht ein ähnliches Schließungsproblem wie bei der bisher behandelten Turbulenzmodellierung, so dass der Einfluss der turbulenten Feinstruktur auf die Grobstruktur modelliert werden muss. Diese Feinstruktur-Turbulenzmodelle ähneln dabei in ihren Modellierungsansätzen sehr stark den zuvor behandelten Wirbelviskositäts-Modellen. Ungenauigkeiten bei der Feinstruktur-Modellierung sind jedoch relativ unkritisch, da die Feinstruktur-Turbulenz nur einen geringen Beitrag zur gesamten turbulenten kinetischen Energie und zum Impulsstrom liefert. Darüber hinaus vereinfachen gewisse universelle Eigenschaften der Feinstruktur, wie z.B. die Isotropie, die Modellierung.

Obwohl auch bei der Grobstruktur-Modellierung hohe Rechenleistungen erforderlich sind, besteht der große Vorteil dieses Ansatzes darin, dass die Grenze zwischen Simulation (der Grobstruktur) und Modellierung (der Feinstruktur) in dem Maße in Richtung zur Simulation hin verschoben werden kann, wie es die Entwicklung leistungsstarker Rechentechnik zulässt.

Entropieproduktion in turbulenten Strömungen

Die bisherigen Ausführungen zur Physik und zur theoretischen Beschreibung turbulenter Strömungen machen deutlich, dass die Entropieproduktionsrate $\dot{S}_\text{D}'''$ in turbulenten Strömungen

- entweder wie bei laminaren Strömungen auf der Basis von Gleichung (7.11), aber auf einem extrem feinen Gitter, oder

- nach einer entsprechenden Zeitmittelung und mit Hilfe von Turbulenzmodellen

bestimmt werden muss.

Die erste Option, die Entropieproduktion im Rahmen von DNS-Rechnungen auf extrem feinen Gittern zu bestimmen, kann nur in speziellen Ausnahmesituationen wahrgenommen werden, weil damit ein extremer Rechenaufwand verbunden ist. Im Beispiel 13 in Kap. 8 ist ein solcher Fall gezeigt, der einen „tiefen Einblick" in die Details der Entropieproduktion in turbulenten Strömungen gestattet.

Die zweite Option, auch die Entropieproduktion nur für die zeitgemittelten Gleichungen bzw. deren Lösungen zu betrachten, führt zu folgenden Überlegungen.

In Kap. 3.2 war mit Gleichung (3.14) die Entropiebilanzgleichung angegeben worden, die für sich nicht gelöst werden muss (Entropie als Postprocessing-Größe), die aber der Identifizierung der Terme dient, durch welche die Entropieproduktion in einem Strömungsfeld beschrieben wird. Für die Dissipation in einem Strömungsfeld konnte dort die Termgruppe $\textcircled{5}$ gefunden werden, woraus sich unmittelbar $\dot{S}_\mathrm{D}'''$ gemäß Gl. (3.16) bzw. (7.11) ergibt.

Wenn nun generell die zeitgemittelten Größen betrachtet werden, so muss auch die Entropiebilanzgleichung (3.14) entsprechend behandelt werden. Dies bedeutet, dass die turbulent schwankenden Größen gemäß Gl. (7.34) in gemittelte und Schwankungsgrößen aufgespalten werden und anschließend die Bilanzgleichung einer Zeitmittelung unterzogen wird. Da in der Termgruppe $\textcircled{5}$ für die Entropieproduktion aufgrund von Dissipation Produkte von schwankenden Größen auftreten, entstehen nach der Zeitmittelung turbulente Zusatzterme.

Die insgesamt auftretende lokale Entropieproduktionsrate aufgrund von Dissipation ist jetzt $\dot{S}_\mathrm{D}''' + \dot{S}_{\mathrm{D}'}'''$ mit

$$
\dot{S}_\mathrm{D}''' = \frac{\eta}{\overline{T}} \left(2 \left[\left(\frac{\partial \overline{u}}{\partial x} \right)^2 + \left(\frac{\partial \overline{v}}{\partial y} \right)^2 + \left(\frac{\partial \overline{w}}{\partial z} \right)^2 \right] \right.
$$
$$
\left. + \left(\frac{\partial \overline{u}}{\partial y} + \frac{\partial \overline{v}}{\partial x} \right)^2 + \left(\frac{\partial \overline{u}}{\partial z} + \frac{\partial \overline{w}}{\partial x} \right)^2 + \left(\frac{\partial \overline{v}}{\partial z} + \frac{\partial \overline{w}}{\partial y} \right)^2 \right) \quad (7.42)
$$

$$
\dot{S}_{\mathrm{D}'}''' = \frac{\eta}{\overline{T}} \left(2 \left[\overline{\left(\frac{\partial u'}{\partial x} \right)^2} + \overline{\left(\frac{\partial v'}{\partial y} \right)^2} + \overline{\left(\frac{\partial w'}{\partial z} \right)^2} \right] \right.
$$
$$
\left. + \overline{\left(\frac{\partial u'}{\partial y} + \frac{\partial v'}{\partial x} \right)^2} + \overline{\left(\frac{\partial u'}{\partial z} + \frac{\partial w'}{\partial x} \right)^2} + \overline{\left(\frac{\partial v'}{\partial z} + \frac{\partial w'}{\partial y} \right)^2} \right) \quad (7.43)
$$

Obwohl die Temperatur T ebenfalls als $\overline{T} + T'$ aufgespalten werden muss, erscheint in den beiden obigen Gleichungen nur $\overline{T}$ im Vorfaktor und Korrelationen mit T' treten nicht auf, weil sog. Terme höherer Ordnung hier vernachlässigt worden sind.

Der Aufbau der Gleichungen (7.42) und (7.43) legt die Interpretation nahe, dass mit Gl. (7.42) die Entropieproduktion aufgrund des zeitgemittelten Geschwindigkeitsfeldes erfasst wird und dass Gl. (7.43) den zusätzlichen Anteil aufgrund der Geschwindigkeitsschwankungen beschreibt. Diese Interpretation ist gängig, wobei dann der Dissipationsanteil zu $\dot{S}'''_{\overline{D}}$ als *direkte Dissipation* und derjenige zu $\dot{S}'''_{D'}$ als *turbulente Dissipation* bezeichnet wird.

Es ist aber zu beachten, dass in der Strömung zu keinem Zeitpunkt Geschwindigkeitsverteilungen $\vec{v}$ gemäß eines zeitgemittelten Geschwindigkeitsfeldes vorliegen (und damit auch keine Gradienten $\partial \overline{u}/\partial x \ldots$, wie sie in Gl. (7.42) vorkommen). Es handelt sich bei der Aufteilung in $\dot{S}'''_{\overline{D}}$ und $\dot{S}'''_{D'}$ vielmehr um eine Folge der Zeitmittelung, ohne dass beide Anteile einer einfachen physikalischen Interpretation zugänglich wären[1].

Wenn in einem Postprocessing-Schritt die Entropieproduktionsrate in einer turbulenten Strömung auf der Basis der zeitgemittelten Gleichungen (RANS) bestimmt werden soll, so müssen jeweils die beiden Anteile $\dot{S}'''_{\overline{D}}$ und $\dot{S}'''_{D'}$ ermittelt werden. Anschließend sind beide Anteile zu addieren und ergeben dann die gesamte Entropieproduktionsrate.

Die Bestimmung von $\dot{S}'''_{\overline{D}}$ gemäß Gl. (7.42) stellt kein Problem dar, da das Feld der zeitgemittelten Geschwindigkeiten und damit auch ihrer Gradienten mit einer numerischen Lösung des betrachteten Problems vorliegt. Ganz anders liegt der Fall für $\dot{S}'''_{D'}$ gemäß Gl. (7.43).

Da die in Gl. (7.43) auftretenden Geschwindigkeitsschwankungen nicht Teil einer numerischen Lösung auf Basis der RANS-Gleichungen sind, muss der Anteil der turbulenten Dissipation, der unmittelbar aus $\dot{S}'''_{D'}$ folgt, modelliert werden. Eine einfache Art der Modellierung ergibt sich auf der Basis von Turbulenzmodellen, in denen explizit die Dissipationsrate ε auftritt. Dies ist z.B. beim k–ε-Modell, dem k–ω-Modell, aber in der Regel auch bei Reynolds-Spannungs-Modellen der Fall. In all diesen Fällen kann $\dot{S}'''_{D'}$ unmittelbar über

$$\dot{S}'''_{D'} = \frac{\varrho\,\varepsilon}{\overline{T}} \tag{7.44}$$

mit ε in Verbindung gebracht werden. Genau genommen gilt dieser Zusammenhang zwar nur im Grenzfall $\mathrm{Re} \to \infty$, aber auch für große, endliche Reynolds-Zahlen stellt Gl. (7.44) eine gute Approximation dar.

Im nachfolgenden Beispiel 10 wird gezeigt, wie auf der Basis von Gl. (7.42) und (7.44) die Entropieproduktionsrate und daraus der Verlust-Beiwert einer turbulenten Rohrströmung mit rauen Wänden berechnet werden kann.

---

[1] In diesem Sinne ist $\dot{S}'''_{\overline{D}}$ die Entropieproduktion, die in einer Strömung vorkäme, die Profile $\vec{v}$ aufweisen würde!

Beispiel 10: Bestimmung der Reibungszahl einer ausgebildeten turbulenten Rohrströmung mit rauen Wänden

In diesem Beispiel wird gezeigt, wie aus der numerischen Integration des turbulenten Geschwindigkeitsfeldes die Entropieproduktion und damit dann auch die Rohrreibungszahl für raue Rohrwände bestimmt werden kann.

In diesem Beispiel kann und soll für eine Rohrströmung ganz analog zur Vorgehensweise im Beispiel 8 der Kanalströmung verfahren werden. Der (allerdings erhebliche) Unterschied besteht darin, dass die Strömung jetzt turbulent ist. Um φ_{12} in λ_R analog zu Gl. (7.23) bestimmen zu können, muss die Integration statt über $\dot{S}_D'''$, wie in Gl. (7.24), über die Summe $\dot{S}_{\overline{D}}''' + \dot{S}_{D'}'''$ ausgeführt werden, vgl. dazu Gl. (7.42) und (7.43). Wie bereits im Zusammenhang mit diesen beiden Gleichungen ausgeführt worden war, liegt $\dot{S}_{\overline{D}}'''$ mit einer CFD-Lösung mehr oder weniger unmittelbar vor. Der Anteil $\dot{S}_{D'}'''$ der Entropieproduktion, der auf die turbulenten Schwankungsbewegungen zurückgeht, muss hingegen modelliert werden, da die Schwankungsbewegungen bzw. deren räumliche Ableitungen nicht Teil einer RANS-Lösung sind. Als einfacher Modellierungsansatz war mit Gl. (7.44) vorgeschlagen worden, $\dot{S}_{D'}'''$ unmittelbar mit der turbulenten Dissipationsrate ε zu verknüpfen. Dieser Ansatz soll hier gewählt werden.

Wenn die Rauheitsgeometrien gemäß Abb. 7.4 als regelmäßige Wanddeformationen beibehalten werden, kann das numerische Lösungsgebiet mit Hilfe der periodischen Randbedingungen und unter Ausnutzung der Symmetrie zur Rohrachse wieder auf den schmalen Streifen der Breite $2h$ beschränkt werden, vgl. Abb. 7.5.

Als generelles Turbulenzmodell wurde für die nachfolgend beschriebenen Fälle das k–ε RNG Modell, (s. Yakhot u. Orszag, 1986), im CFD-Code FLUENT verwendet, zu weiteren Details s. Herwig u. a. (2008). Abb. 7.15 zeigt die Ergebnisse in Form von $\lambda_R = \lambda_R(\mathrm{Re}_{Dh}, K)$ für alle drei Rauheitstypen. Man erkennt den starken Einfluss der relativen Rauheit $K = h/D_h$. Die in den einzelnen Diagrammen hinterlegten gestrichelten Linien entsprechen dem λ_R-Verlauf, wie er im klassischen Moody-Diagramm auftritt. Die erheblichen Abweichungen im Verlauf der beiden Kurvenscharen (berechnet und gemäß dem Moody-Diagramm) sind Gegenstand weiterer und zukünftiger Untersuchungen. Dass hier keine Übereinstimmung zu erwarten war, geht u.a. darauf zurück, dass die Kurven im Moody-Diagramm offensichtlich als Kombination der jeweils zwei Asymptoten für kleine und große Reynolds-Zahlen auftreten, und in diesem Sinne keine genaue Information über den Verlauf bei mittleren Reynolds-Zahlen enthalten.

Die in Abb. 7.15 auftretende relative Rauheit K entspricht dem geometrischen Verhältnis h/D_h nach Abb. 7.4. Im Moody-Diagramm wird als Rauheit aber die sog. *äquivalente Sandrauheit* verwendet. Dieser Vorgehensweise liegt folgende Überlegung zu Grunde, die auf Nikuradse (1933) zurückgeht: Man bestimmt die Reibungszahl λ_R in Abhängigkeit von der Reynolds-Zahl für sog. Sandrauheiten k_S (dichteste Kugelpackungen auf der Wand mit Kugeln einheitlichen Durchmessers) der relativen Rauheit $K_S = k_S/D_h$ und ermittelt damit das Reibungsdiagramm (Moody-Diagramm). Anschließend bestimmt man, welche dieser Sandrauheiten zu demselben Widerstands-Beiwert führt, wie er an einer bestimmten technisch (unregelmäßig) rauen Wand auftritt, deren relative Wandrauheit man als K_t bezeichnet. Auf diese Weise hat man einer technischen Rauheit K_t eine äquivalente Rauheit K_S zugeordnet. Wird dies für verschiedene technische Rauheiten durchgeführt, so entsteht auf diese Weise eine Korrespondenztafel $K_t \leftrightarrow K_S$, die es erlaubt, auch für technische Rauheiten das ursprünglich nur für Sandrauheiten ermittelte Diagramm zu benutzen.

Vor diesem Hintergrund tritt nun die Frage auf, welcher Zusammenhang zwischen der Sandrauheit K_S im Moody-Diagramm und der Rauheit $K_t \equiv K$ gemäß Abb. 7.4 auftritt. Abb. 7.16 zeigt, dass für einen bestimmten Rauheitstyp ein einheitliches, festes Verhältnis K_S/K auftritt, so dass mit diesen Rechnungen eine Korrespondenztafel im zuvor beschriebenen Sinne entsteht. Damit wird das ursprünglich rein empirisch entstandene Moody-Diagramm einer theoretischen Nachprüfung (und ggf. Erweiterung / Verbesserung) zugänglich.

Zur Validierung dieser Modellvorstellung (Bestimmung von λ_R aus der lokalen Verteilung der Entropieproduktion) kann ein konkreter, gut dokumentierter

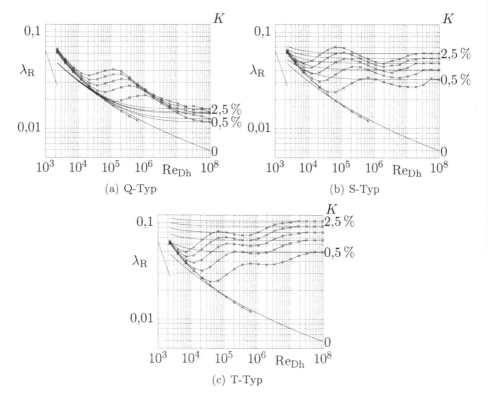

Abbildung 7.15: Reibungszahlen für turbulente Rohrströmungen mit regelmäßigen Wandrauheiten (Querrillen gemäß Abb. 7.4)

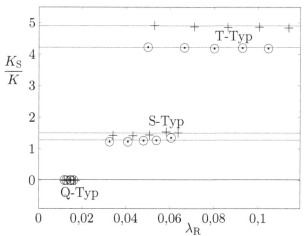

Abbildung 7.16: Korrespondenzwerte K_S/K für verschiedene Rauheitstypen;
$+$: ebener Kanal, $\odot$: Kreisrohr

Fall „nachgerechnet" werden. Abb. 7.17 zeigt in diesem Sinne den Vergleich zwischen den experimentellen Daten von Schiller (1923) und den Berechnungen über die Entropieproduktion. Als Rauheit liegt hier ein sog. Löwenherz-Innengewinde vor, ein Gewinde ähnlich dem DIN 13 Feingewinde, das jedoch einen Flankenwinkel von 53°8′ aufweist. Mit Ausnahme der Werte für die größte relative Rauheit bei $Re_{Dh} > 10^4$ liegt eine sehr gute Übereinstimmung vor. Die Diskrepanz bei den genannten Werten geht vermutlich auf Probleme im Experiment zurück.

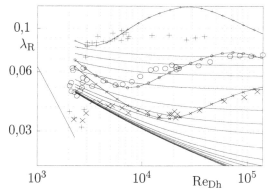

Abbildung 7.17: Experimentelle und berechnete Rohrreibungszahlen für das Löwenherz-Innengewinde
einzelne große Symbole: Experimente
kleine Symbole auf einer Ausgleichskurve: numerische Lösungen

Beispiel 11: Bestimmung des Verlust-Beiwertes eines turbulent durchströmten $90°$-Krümmers

In diesem Beispiel wird gezeigt, wie aus der numerischen Integration des turbulenten Geschwindigkeitsfeldes vor dem, im und nach dem Krümmer die (z.T. zusätzliche) Entropieproduktion und damit dann auch der Verlust-Beiwert des Krümmers bestimmt werden kann. Gegenüber Beispiel 9 liegt jetzt eine turbulente Strömung vor und der Geometriequerschnitt ist ein Kreis anstelle eines Quadrats (mit $D_h = D$).

Das prinzipielle Vorgehen erfolgt wie im Beispiel 9 (dort für eine laminare Strömung durch einen Kanal mit quadratischem Querschnitt). Der Krümmungsradius ist wiederum $R/D = 1$ und für die Berechnungen werden hinreichend lange Vor- und Nachlaufstrecken vorgesehen, in denen die stromaufwärtige und stromabwärtige Beeinflussung der ansonsten ungestörten, ausgebildeten Rohrströmung stattfindet. Gegenüber dem laminaren Fall in Beispiel 9 sind folgende Besonderheiten zu beachten:

- Die Nachlauflänge wird auf $L_N = 50D$ ausgeweitet, da durch die deutlich höheren Reynolds-Zahlen mit einer weiterreichenden Strömungsfeld-Beeinflussung gerechnet werden muss.

- Die zu erwartende Reynolds-Zahl-Abhängigkeit ist gemäß Tabelle 7.1 für die hier zunächst gewählten „moderaten" Reynolds-Zahlen $\sim \mathrm{Re}^{n-2}$ so dass folgender Ansatz für den Verlust-Beiwert ζ gewählt wird:

$$\zeta_{90°} = C\mathrm{Re}^{n-2} \tag{7.45}$$

mit C und n als zu bestimmende Konstanten.

- Wiederum sollen die Verluste durch die Bestimmung der (z.T. zusätzlichen) Entropieproduktionsraten ermittelt werden. Da jetzt aber die Aufspaltung der Entropieproduktionsraten als $\dot{S} = \bar{\dot{S}} + \dot{S}'$ erforderlich ist (vgl. Gl. (7.42) und (7.43) für die zugehörigen lokalen Entropieproduktionsraten $\dot{S}_{\mathrm{D}}'''$ und $\dot{S}_{\mathrm{D}'}'''$), gilt anstelle von Gl. (7.26) des laminaren Falles jetzt:

$$\zeta = \frac{2T_\mathrm{m}}{c^2\dot{m}}\left[\left(\bar{\dot{S}}_\mathrm{V} - \bar{\dot{S}}_{\mathrm{V},0}\right) + \bar{\dot{S}}_\mathrm{K} + \left(\bar{\dot{S}}_\mathrm{N} - \bar{\dot{S}}_{\mathrm{N},0}\right)\right.$$
$$\left.\underbrace{+ \left(\dot{S}_\mathrm{V}' - \dot{S}_{\mathrm{V},0}'\right) + \dot{S}_\mathrm{K}' + \left(\dot{S}_\mathrm{N}' - \dot{S}_{\mathrm{N},0}'\right)}_{\dot{S}_\mathrm{D}}\right] \tag{7.46}$$

Abbildung 7.18 zeigt schematisch die vorliegende Situation, wobei wiederum L_V und L_N die berücksichtigten Vor- und Nachlaufbereiche sind und $\hat{L}_\mathrm{V}$ und $\hat{L}_\mathrm{N}$ aus der Bedingung folgen, dass in diesen Bereichen $95\,\%$ der jeweils auftretenden zusätzlichen Verluste liegen.

Abbildung 7.18: Bezeichnungen und prinzipielle Lage der für die Bestimmung der Verluste berücksichtigten Bereiche des Strömungsfeldes

Für Details der numerischen Lösung und des verwendeten Turbulenzmodells (k–ω low-Re) sei auf Schmandt u. Herwig (2011b) verwiesen. Die Ergebnisse für fünf verschiedene Reynolds-Zahlen sind in Tab. 7.3 zusammengestellt. Eine Anpassung des Ansatzes (7.45) an die ζ-Werte aus dieser Tabelle ergibt für die freien Konstanten $C = 3{,}63$ und $n = 1{,}79$. Mit diesen Werten ergeben sich die ebenfalls in der Tabelle aufgeführten Näherungswerte $\zeta_{90°}$. Diese weichen um weniger als 2 % von den ursprünglichen ζ-Werten ab.

Ähnlich wie im Fall der laminaren Strömung in Beispiel 9 ist es aufschlussreich, die Verteilung der Entropieproduktionsraten über dem Strömungsweg zu betrachten. Abbildung 7.19 zeigt diese wiederum für die kleinste und die größte Reynolds-Zahl aus Tab. 7.3. Die hell schraffierten Flächen zeigen die zusätzliche Entropieproduktion im Vor- und Nachlauf bis $\hat{L}_V$ bzw. $\hat{L}_N$. Es ist deutlich erkennbar, dass für alle Reynolds-Zahlen ein nur geringer Effekt stromaufwärts vorliegt, der größte Teil der Verluste aber in Form von zusätzlichen Verlusten hinter dem Krümmer auftritt.

Die numerisch gewonnenen Ergebnisse können mit empirischen Daten aus der Literatur zu Verlust-Beiwerten verglichen werden. Abbildung 7.20 zeigt einen solchen Vergleich, der eine gute Übereinstimmung mit den experimentell gewonnenen Werten erkennen lässt.

Tabelle 7.3: Details der numerischen Lösung für den turbulent durchströmten 90°-Krümmer

Re	$\dfrac{\Delta\dot{S}_V}{\dot{S}_D}$	$\dfrac{\dot{S}_K}{\dot{S}_D}$	$\dfrac{\Delta\dot{S}_N}{\dot{S}_D}$	$\dfrac{\hat{L}_V}{D}$	$\dfrac{\hat{L}_N}{D}$	ζ	$\zeta_{90°}$
5×10^3	$4{,}4 \times 10^{-3}$	0,25	0,75	0,46	4,6	0,60	0,61
1×10^4	$3{,}5 \times 10^{-3}$	0,21	0,79	0,44	6	0,53	0,52
5×10^4	$2{,}4 \times 10^{-3}$	0,17	0,83	0,42	10	0,38	0,37
1×10^5	$2{,}1 \times 10^{-3}$	0,16	0,83	0,39	13	0,32	0,32
$1{,}5 \times 10^5$	$2{,}1 \times 10^{-3}$	0,16	0,84	0,41	16	0,29	0,30

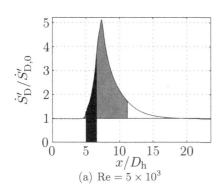

(a) Re $= 5 \times 10^3$

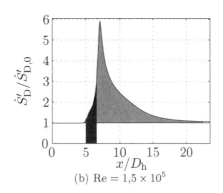

(b) Re $= 1{,}5 \times 10^5$

Abbildung 7.19: Verteilung der querschnittsgemittelten Entropieproduktionsraten $\dot{S}'_\mathrm{D}$ entlang der Strömung, bezogen auf den Wert der ausgebildeten Strömung $\dot{S}'_{\mathrm{D},0}$

Die Lage des Krümmers ist durch den dunklen Balken der Entropieproduktionsraten im Krümmer erkennbar.

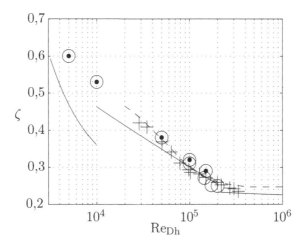

Abbildung 7.20: Vergleich der numerisch gewonnenen Ergebnisse mit empirischen Daten

$\odot$ numerische Ergebnisse, s. Gl. 7.46

$+$ Ito (1960)

$\bigcirc$ Hoffmann (1929)

——   Idelchik (2008)

– –   Miller (1978)

8 Bestimmung von Verlusten bei der Wärmeübertragung

In Kap. 6 war beschrieben worden, dass Exergieverluste bei der Wärmeleitung stets dann auftreten, wenn dabei lokal ein Wärmestrom in Richtung abnehmender Temperatur auftritt. Die zur Bestimmung dieser Exergieverluste entscheidende lokale Entropieproduktionsrate gemäß Gl. (3.15) bzw. (6.3) soll hier noch einmal aufgeführt werden.

$$
\begin{aligned}
\dot{S}_{WL}''' &= \frac{\lambda}{T^2} \left[\left(\frac{\partial T}{\partial x} \right)^2 + \left(\frac{\partial T}{\partial y} \right)^2 + \left(\frac{\partial T}{\partial z} \right)^2 \right] \\
&= -\frac{1}{T^2} \left(\dot{q}_x \frac{\partial T}{\partial x} + \dot{q}_y \frac{\partial T}{\partial y} + \dot{q}_z \frac{\partial T}{\partial z} \right)
\end{aligned}
\tag{8.1}
$$

Diese Beziehung ist die Grundlage für die Bestimmung der Entropieproduktion bei der sog. *leitungsbasierten Wärmeübertragung*. Diese kann auf sehr unterschiedliche Weise erfolgen, durch reine Wärmeleitung, konvektiv (strömungsunterstützt) und mit Phasenwechsel. In einem endlichen Volumen V ergibt sich die insgesamt auftretende Entropieproduktionsrate zu

$$
\dot{S}_{WL} = \int_V \dot{S}_{WL}''' \, dV
\tag{8.2}
$$

Neben der leitungsbasierten Wärmeübertragung gibt es auch eine *strahlungsbasierte Wärmeübertragung*, die auf einem vollständig anderen physikalischen Prinzip beruht. Die drei Arten der leitungsbasierten sowie die strahlungsbasierte Wärmeübertragung werden im Folgenden in jeweils einem Unterkapitel ausführlich behandelt.

8.1 Wärmeübertragung durch reine Leitung

Reine Wärmeleitung liegt vor, wenn in einem Festkörper oder einem ruhenden Fluid ein Wärmestrom initiiert wird. In realen Situationen geschieht dies auf eine Weise, dass dabei im System Temperaturgradienten entstehen. Diese Temperaturgradienten führen gemäß Gl. (8.1) unmittelbar zu einer (lokalen) Entropieproduktionsrate $\dot{S}_{WL}'''$, die Ausdruck für die (lokale) Entwertung der Energie durch diesen Prozess ist. Nur für einen wärmetechnisch idealen Stoff mit einer Wärme-leitfähigkeit $\lambda = \infty$ würden bei der Wärmeleitung keine Temperaturgradienten entstehen und die Wärmeübertragung wäre reversibel, d.h. ohne Exergieverlust bzw. Energieentwertung (s. dazu Kap. 6.1).

Beispiel 12: Entropieproduktion in einer Trennwand, vgl. Beispiel 5

In diesem Beispiel wird gezeigt, dass die Integration der lokalen Entropieproduk-tionsraten auf dasselbe Ergebnis führt wie eine globale Entropiebilanz.

Als relevanter „Ausschnitt" aus dem im Beispiel 5 behandelten thermischen Ausgleichsprozess ist in Abb. 8.1 die Trennwand zwischen den beiden Systemen A und B gezeigt. Unterstellt man einen Prozess, der so langsam abläuft, dass zu jedem Zeitpunkt t eine quasi-stationäre Situation auftritt (die Zeit t ist dann nur ein Parameter im System aber nicht eine Variable) und geht von einer Fourierschen Wärmeleitung aus, d.h. es gilt

$$\dot{q}_W = -\lambda \frac{\mathrm{d}T}{\mathrm{d}x} \qquad \longrightarrow \qquad \frac{\mathrm{d}T}{\mathrm{d}x} = -\frac{\dot{q}_W}{\lambda}, \tag{8.3}$$

so liegt in der Wand bei konstanter Wärmeleitfähigkeit λ eine lineare Tempera-turverteilung

$$T(x) = T_A + \left(\frac{\mathrm{d}T}{\mathrm{d}x}\right) x = T_A - \frac{\dot{q}_W}{\lambda} x \tag{8.4}$$

vor.

Zur Bestimmung der gesamten Entropieproduktionsrate[1] $\dot{S}_{WL} = A\dot{S}''_{WL}$ (mit $\dot{S}''_{WL}$ als Entropieproduktionsrate pro Fläche A) muss die lokale Entropie-

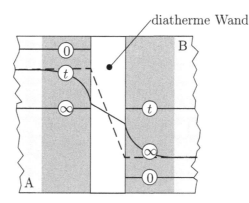

Abbildung 8.1: Entropieproduktion aufgrund von Wärmeleitung in einer fes-ten, wärmedurchlässigen (diathermen) Wand; Ausschnitt aus der Wand im Beispiel 5

---

[1]Präzisierend gegenüber der Bezeichnung $\dot{S}_{pro}$ in Beispiel 5 wird hier die Entropieproduktion aufgrund von Wärmeleitung als S_{WL} eingeführt.

produktionsrate $\dot{S}'''_{\mathrm{WL}}$ zunächst über x integriert werden ($\rightarrow \dot{S}''_{\mathrm{WL}}$). Anschließend folgt der Übergang auf $\dot{S}_{\mathrm{WL}} = A\dot{S}''_{\mathrm{WL}}$ durch Multiplikation mit der Fläche A (beachte: $\dot{Q}_{\mathrm{W}} = \dot{q}_{\mathrm{W}}A$ ist der Wärmestrom mit $\dot{q}_{\mathrm{W}}$ als Wärmestromdichte).

In diesem Sinne gilt mit $\dot{S}'''_{\mathrm{WL}}$ gemäß Gl. (8.1) hier als

$$\dot{S}'''_{\mathrm{WL}} = \frac{\lambda}{T^2(t,x)} \left(\frac{\mathrm{d}T}{\mathrm{d}x}\right)^2 \tag{8.5}$$

für $\dot{S}''_{\mathrm{WL}}$ als flächenbezogener Entropieproduktionsrate

$$\dot{S}''_{\mathrm{WL}} = \int_0^L \dot{S}'''_{\mathrm{WL}}\mathrm{d}x = \int_0^L \frac{\lambda}{T^2(x)} \left(\frac{\mathrm{d}T}{\mathrm{d}x}\right)^2 \mathrm{d}x$$

$$= \lambda\left(\frac{\mathrm{d}T}{\mathrm{d}x}\right)^2 \int_0^L \frac{\mathrm{d}x}{T^2(x)} = \frac{\dot{q}_{\mathrm{W}}^2}{\lambda} \int_0^L \frac{\mathrm{d}x}{\left(T_{\mathrm{A}} - \frac{\dot{q}_{\mathrm{W}}}{\lambda}x\right)^2}$$

$$= \frac{\dot{q}_{\mathrm{W}}}{T_{\mathrm{B}}} - \frac{\dot{q}_{\mathrm{W}}}{T_{\mathrm{A}}}. \tag{8.6}$$

Damit ergibt sich mit $\dot{Q}_{\mathrm{W}} = \dot{q}_{\mathrm{W}}A$ und $\dot{S}_{\mathrm{WL}} = \dot{S}''_{\mathrm{WL}}A$ die Beziehung

$$\dot{S}_{\mathrm{WL}} = \dot{Q}_{\mathrm{W}}\left(\frac{1}{T_{\mathrm{B}}} - \frac{1}{T_{\mathrm{A}}}\right) \tag{8.7}$$

die in Gl. (6.16) mit einer leicht anderen Nomenklatur bereits aus einer globalen Bilanz abgeleitet worden war.

8.2 Konvektive Wärmeübertragung

Die konvektive, d.h. strömungsunterstützte Wärmeübertragung ist ein technisch häufig vorkommender Fall einer Wärmeübertragung. Durch die (meist wandparallele) Strömung entsteht eine grundsätzlich andere physikalische Situation, weil zur reinen Wärmeleitung aufgrund molekularer Wechselwirkungen (charakterisiert durch die Wärmeleitfähigkeit λ) zwei wesentliche neue Effekte hinzukommen, und zwar

- ein Transport innerer Energie durch die Strömungsbewegung (konvektiver, fluidgebundener Transport)

- eine deutliche Erhöhung der (effektiven) Wärmeleitfähigkeit, weil eine Leitung in einer turbulenten Strömung (diese wird damit unterstellt) nicht mehr ausschließlich durch eine molekulare, sondern zusätzlich durch eine turbulente Wechselwirkung benachbarter Fluidbereiche erfolgt.

Damit entsteht folgende Situation. Die Energie, die z.B. im Heizfall (im Bezug auf das Fluid) in Form von Wärme über die Wand (Systemgrenze) in die Strömung gelangt, muss von dieser gespeichert und gleichzeitig wandparallel abtransportiert werden. In Abbildung 8.2 ist dieser prinzipielle Energiefluss durch den gebogenen Pfeil gekennzeichnet.

Die Aufnahme der übertragenen Energie geschieht in der Strömung durch eine *sensible Wärmespeicherung*, bei der das Fluid die Energie mit seiner Wärmekapazität durch eine entsprechende Temperaturerhöhung speichert. Mit der spezifischen Wärmekapazität c_p kann ein bestimmter Teil-Massenstrom $\dot{m}$ bei einer Temperaturerhöhung um dT den Energiestrom $d\dot{Q} = \dot{m}c_p dT$ speichern. Mit dem Teil-Massenstrom ist derjenige Anteil des insgesamt auftretenden Massenstroms gemeint, in dem eine Temperaturerhöhung stattfindet. Ein endlicher, in Form von Wärme übertragener Energiestrom $\dot{Q}_W = \int \dot{q}_W dA$ wird damit in einem endlichen (in Strömungsrichtung anwachsenden) Teil-Massenstrom $\dot{m}$ durch eine ungleichmäßig verteilte, aber endliche Temperaturerhöhung $T - T_\infty$, wie in Abbildung 8.2 gezeigt, gespeichert. Der Teil-Massenstrom $\dot{m}$ ist dabei (wie bereits erwähnt) der wandnahe Teil des prinzipiell unendlich großen wandparallelen Fluidstroms, der von der Wärmeübertragung erfasst wird und mit einer Temperaturerhöhung reagiert. Dieser Teil des Strömungsfeldes wird als Temperaturgrenzschicht mit der Dicke δ_T bezeichnet.

Je nach Intensität des Wärmeübergangs, gekennzeichnet durch den Zahlenwert eines Wärmeübergangskoeffizienten $\alpha = \dot{q}_W/(T_W - T_\infty)$, vgl. Gl. (6.10) im Abschn. 6.2, wird sich der Energiestrom mit einer großen Temperaturdifferenz $\Delta T = T_W - T_\infty$ auf einen kleinen beteiligten Massenstrom $\dot{m}$ verteilen, oder mit geringer Temperaturdifferenz von einem großen Massenstrom $\dot{m}$ aufgenommen werden. Damit wird deutlich, dass bei einem steigenden Wert von α, was oft als eine Verbesserung des Wärmeübergangs interpretiert wird,

- der beteiligte Massenstrom ansteigt weil die Temperaturunterschiede senkrecht zur Wand kleiner werden (damit steigt die Dicke der Temperaturgrenzschicht δ_T an, s. dazu Abb. 8.2)

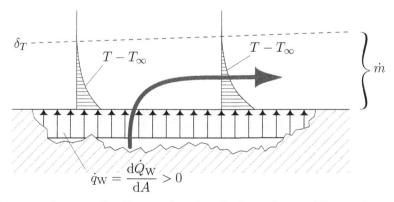

Abbildung 8.2: Prinzipieller Energiefluss bei der konvektiven Wärmeübertragung; hier: Energieübertragung *in* das Fluid

- geringere Exergieverluste aufgrund von Wärmeleitung auftreten, weil die Temperaturgradienten abnehmen, die gemäß Gl. (8.1) unmittelbar für die lokale Entropieproduktion verantwortlich sind.

Im Grenzfall $\alpha = \infty$ des reversiblen Wärmeübergangs gilt damit $\Delta T \to 0$ und $\dot{m} \to \infty$. Damit ist dann der gesamte (im Grenzfall isotherme) Außenraum an der Wärmeübertragung beteiligt, diese wäre aber verlustfrei, weil in Richtung des Wärmestroms keine abnehmende Temperatur auftritt und damit keine Entwertung der übertragenen Energie stattfindet.

8.2.1 Verluste bei der konvektiven Wärmeübertragung

Im vorherigen Kapitel 7 war die Bestimmung von Verlusten in Strömungsprozessen behandelt worden. Diese äußerten sich in einer Entropieproduktion im Dissipationsprozess. Diese Verluste können in Form von Verlust- und Widerstands-Beiwerten quantifiziert werden, vgl. Gln. (7.4) und (7.9).

Wenn jetzt Verluste bei der konvektiven Wärmeübertragung bestimmt werden sollen, so bezieht sich dies zunächst nur auf den Exergieverlust, der im Zusammenhang mit auftretenden Wärmeströmen entsteht (und zu einer Entwertung der übertragenen Energie führt)[1]. Die Basis dafür stellt wiederum die lokale Entropieproduktionsrate aufgrund von Wärmeleitung $\dot{S}'''_{\mathrm{WL}}$ gemäß Gl. (8.1) dar. Der Einfluss der Strömung äußert sich in einer durch die Strömung veränderten Temperaturverteilung.

Wenn turbulente Strömungen vorliegen ist auch die Temperatur eine turbulent schwankende Größe. Für technische Anwendungen muss der Turbulenzeinfluss über eine zeitgemittelte Betrachtung erfasst werden, was in Kap. 7.2.2 unter der Überschrift „Turbulenzmodellierung (RANS)" beschrieben worden ist. Nur in Ausnahmefällen (s. das nachfolgende Beispiel 13) kann eine direkte Berechnung erfolgen. Im Rahmen der RANS-Näherung gilt für die Temperatur der Ansatz

$$T(x,y,z,t) = \overline{T}(x,y,z) + T'(x,y,z,t) \tag{8.8}$$

d.h. die Aufspaltung in einen zeitlichen Mittelwert und darauf bezogene Schwankungen. Dies führt unmittelbar zu einer Aufspaltung von $\dot{S}'''_{\mathrm{WL}}$ in Gl. (8.1) in die beiden Anteile $\dot{S}'''_{\overline{\mathrm{WL}}}$ und $\dot{S}'''_{\mathrm{WL}'}$, ganz analog zu derjenigen von $\dot{S}'''_{\mathrm{D}}$ in $\dot{S}'''_{\overline{\mathrm{D}}}$ und $\dot{S}'''_{\mathrm{D}'}$, vgl. Gl. (7.42), (7.43) im vorigen Kapitel.

Es gilt also, für turbulente Strömungen die beiden Teilgrößen

$$\dot{S}'''_{\overline{\mathrm{WL}}} = \frac{\lambda}{\overline{T}^2} \left(\left(\frac{\partial \overline{T}}{\partial x} \right)^2 + \left(\frac{\partial \overline{T}}{\partial y} \right)^2 + \left(\frac{\partial \overline{T}}{\partial z} \right)^2 \right) \tag{8.9}$$

---

[1]Beide Verluste (durch Dissipation und Wärmeleitung) werden später gemeinsam betrachtet und dienen dann der Bewertung des Gesamtprozesses, siehe dazu das spätere Kap. 10

$$\dot{S}'''_{\mathrm{WL}'} = \frac{\lambda}{\overline{T}^2}\left(\overline{\left(\frac{\partial T'}{\partial x}\right)^2} + \overline{\left(\frac{\partial T'}{\partial y}\right)^2} + \overline{\left(\frac{\partial T'}{\partial z}\right)^2}\right) \qquad (8.10)$$

zu ermitteln, um daraus durch Integration letztlich die (wärmestrombedingten) Exergieverluste bei der konvektiven Wärmeübertragung zu bestimmen.

Im Rahmen von numerischen Lösungen auf der Basis von RANS-Näherungen kann $\dot{S}'''_{\overline{\mathrm{WL}}}$ unmittelbar berechnet werden, da das zeitgemittelte Temperaturfeld ein Teil der Lösung ist. Für $\dot{S}'''_{\mathrm{WL}'}$ muss aber eine Turbulenzmodellierung gefunden werden. Dies ist eine Situation ganz analog zur Berechnung der turbulenten Strömung, für die mit Gl. (7.44) eine Turbulenzmodellierung für $\dot{S}'''_{\mathrm{D}'}$ eingeführt worden war.

Eine einfache Art der Modellierung ergibt sich analog zu Gl. (7.44) als

$$\dot{S}'''_{\mathrm{WL}'} = \frac{a_{\mathrm{t}}}{a}\dot{S}'''_{\overline{\mathrm{WL}}} \qquad (8.11)$$

wobei a_{t} die turbulente und a die molekulare Temperaturleitfähigkeit sind.

8.2.2 Kopplung von Strömungs- und Temperaturfeldern

Für das weitere Vorgehen ist es eine wichtige Frage, wann und in welchem Maße es eine gegenseitige Beeinflussung des Strömungs- und des Temperaturfeldes gibt, weil sich diese dann auch auf die jeweiligen Entropieproduktionsraten $\dot{S}_{\mathrm{WL}}$ bzw. $\dot{S}_{\mathrm{D}}$ auswirkt. Offensichtlich ist das Temperaturfeld bei der konvektiven Wärmeübertragung entscheidend vom Strömungsfeld abhängig. Umgekehrt liegt aber nur eine schwache und häufig ganz zu vernachlässigende Beeinflussung des Strömungsfeldes durch das Temperaturfeld vor. Eine solche Beeinflussung tritt nur dann auf, wenn die in einem Strömungsfeld relevanten Stoffwerte ϱ (Dichte) und η (dynamische Viskosität) eine Temperaturabhängigkeit aufweisen, die nicht vernachlässigbar gering ist.

Eine starke Temperaturabhängigkeit liegt bei allen *natürlichen Konvektionsströmungen* vor, bei denen die Strömung erst über die Temperaturexpansivität der Dichte zustande kommt. In diesen Fällen sind das Strömungs- und Temperaturfeld gegenseitig gekoppelt und beide Felder können nur simultan bestimmt werden.

Bei erzwungenen Strömungen mit konstanter Dichte und konstanter Viskosität liegt hingegen nur eine einseitige Kopplung vor. Das Temperaturfeld wird durch die Strömung bestimmt, ohne dass es eine Rückkopplung ins Strömungsfeld gibt. Man nennt die Temperatur dann einen *passiven Skalar*. In diesen Fällen kann zunächst das Strömungsfeld bestimmt werden, einschließlich des Verlust- oder Widerstands-Beiwertes. Anschließend kann dann zusätzlich das Temperaturfeld einer überlagerten Wärmeübertragung ermittelt werden, aus dem ein Wärmeübergangskoeffizient ermittelt werden kann.

Beispiel 13: Bestimmung der Entropieproduktion aus den Daten einer Direkten Numerischen Simulation (DNS)

In diesem Beispiel wird gezeigt, dass aus einer DNS-Lösung die detaillierte Information über die Entropieproduktion z.B. im Temperaturfeld gewonnen werden kann. Ein Vergleich mit den analogen Ergebnissen aus RANS-Lösungen zeigt, dass mit diesen nur eine grobe Näherung der tatsächlichen Vorgänge gegeben ist.

Im Kapitel 7.2.2 war unter der Überschrift „Direkte Numerische Simulation (DNS)" beschrieben worden, dass in speziellen Situationen alle Details einer turbulenten Strömung durch ein extrem feines Gitter und entsprechend kurze Zeitschritte erfasst und berechnet werden können. Dies bezieht sich dann auch auf die lokale und momentane Entropieproduktion in dieser Strömung. Damit wird erkennbar, wie die Entropieproduktion in einer Strömung genau verteilt ist.

Als Beispiel für eine solche detaillierte Aussage soll im folgenden die Verteilung von $\dot{S}'''_{\mathrm{WL}}$ in einer ebenen Kanalströmung gezeigt werden. Dabei besitzt der Kanal Wände mit jeweils konstanter, aber verschiedener Temperatur $T_{\mathrm{h}} > T_{\mathrm{k}}$. Abb. 8.3 zeigt den prinzipiellen Einfluss der turbulenten Strömung auf das (zeitgemittelte) Temperaturprofil im Kanal, wenn man zum Vergleich die Situation einer reinen molekularen Wärmeleitung, wie sie auch in einer ausgebildeten laminaren Strömung auftritt, hinzunimmt. Diese ist im Teilbild (a) gezeigt. Sie führt zu einer bestimmten Temperaturdifferenz $T_{\mathrm{h}} - T_{\mathrm{k}}$, wenn eine Wärmestromdichte $\dot{q}_{\mathrm{W}}$ vorgegeben wird.

Bei gleichen Werten von $\dot{q}_{\mathrm{W}}$ liegt eine deutlich geringere Temperaturdifferenz $T_{\mathrm{h}} - T_{\mathrm{k}}$ vor, wenn zwischen den Wänden eine turbulente Strömung herrscht

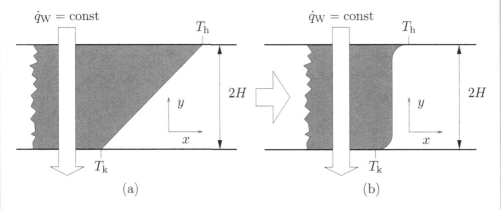

Abbildung 8.3: Prinzipieller Temperaturverlauf zwischen der heißen (T_{h}) und der kalten (T_{k}) Kanalwand, für
(a) reine Wärmeleitung oder ausgebildete laminare Strömung
(b) konvektive Wärmeübertragung mit einer turbulenten Strömung

(Teilbild (b)). Diese Strömung führt zu einer *effektiven Wärmeleitfähigkeit*, die fast überall deutlich über der molekularen Leitfähigkeit liegt und damit eine geringere Temperaturdifferenz zur Folge hat.

Die lokale Entropieproduktion bei reiner Leitung (Fall (a)) ist gemäß Gl. (8.1)

$$\dot{S}_{\mathrm{WL}}''' = \frac{\lambda}{T^2(y)} \left(\frac{\partial T}{\mathrm{d}y}\right)^2 = \frac{\lambda}{T^2(y)} \left(\frac{T_\mathrm{h} - T_\mathrm{k}}{H}\right)^2 \tag{8.12}$$

sehr einfach zu berechnen.

Bei einer turbulenten Strömung (Fall (b)) liegt aber eine vollkommen andere Situation vor. Die genauen lokalen und momentanen Verhältnisse können nur mit einer Direkten Numerischen Simulation (DNS) auf allen relevanten Raum- und Zeitskalen ermittelt werden. Für eine näherungsweise Berechnung würde man die zeitgemittelten Gleichungen nach dem RANS-Ansatz zugrunde legen, hier sollen jedoch DNS-Ergebnisse gezeigt werden. Diese hochgenaue Auflösung auf sehr kleinen Skalen ist in einem Gebiet erzielt worden, das in Abbildung 8.4 skizziert ist. Es handelt sich um einen Quader mit den Längen $2H$ (zwischen der heißen und der kalten Wand), πH in Hauptströmungsrichtung und H senkrecht dazu. Auf den gegenüberliegenden Stirnflächen in y- und z-Richtung gelten jeweils sog. *periodische Randbedingungen*. Damit wird unterstellt, dass die Strömungs- und Temperaturlösungen auf diesen sich gegenüberliegenden Flächen jeweils identisch sind. Es muss im Einzelfall sorgfältig geprüft werden, ob diese unterstellten Randbedingungen mit der physikalischen Situation verträglich sind.

Das numerische Gitter besteht aus $N_x \times N_y \times N_z = 352 \times 151 \times 352 = 1{,}9 \times 10^7$, also fast 20 Millionen Gitterpunkten, auf denen die vollständigen Navier–Stokes-Gleichungen zusammen mit der thermischen Energiegleichung gelöst werden. Typischen Rechenzeiten für solche Fälle sind 2 bis 4 Wochen(!), wenn Hochleistungs-

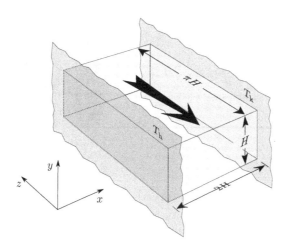

Abbildung 8.4: Lösungsgebiet für DNS-Rechnungen im ebenen Kanal

rechner zur Verfügung stehen. Details zu dieser Lösung können u.a. aus Kiš u. Herwig (2011) entnommen werden.

Abb. 8.6 zeigt zu einem bestimmten Zeitpunkt an welchen Stellen im Strömungsfeld bestimmte Werte der (hier dimensionslosen) lokalen Entropieproduktion $\dot{S}'''_{WL}$ auftreten. Dafür sind drei Werte (10, 25 und 60) ausgesucht worden, die in den drei Teilbildern (a)-(c) gezeigt sind. Diese Verteilung gibt einen ersten Einblick in die Komplexität der Strömung und lässt erkennen, dass die Strömung offensichtlich durch ineinander verschränkte Strukturen gekennzeichnet ist, die sich in einer entsprechenden Verteilung der lokalen Entropieproduktion wiederfinden. Zu einem anderen Zeitpunkt gelten qualitativ ähnliche Verteilungen, die aber quantitativ verschieden sind, da das lokale Strömungs- und Temperaturfeld hochgradig instationär ist.

Solche Rechnungen sind, wie bereits erwähnt, nur in Ausnahmesituationen möglich und dienen u.a. dazu, Turbulenzmodelle zu validieren und ggf. weiterzuentwickeln. Mit den Turbulenzmodellen können dann Näherungswerte für bestimmte zeitgemittelte Größen bestimmt werden. Für das vorliegende Beispiel kann man z.B. die zeitgemittelten Werte der Entropieproduktion $\dot{S}'''_{\overline{WL}}$ und $\dot{S}'''_{WL'}$ gemäß Gl. (8.8) und (8.9) bzw. deren Summe bzgl. ihrer Verteilung zwischen der heißen und der kalten Wand ermitteln.

Abb. 8.5 zeigt diese Verteilung. Ein Vergleich mit den „tatsächlichen Verhältnissen" in Abb. 8.6 macht deutlich, dass mit dieser Modellierung eine erhebliche Reduktion der Detailtreue in den Ergebnissen einhergeht. Für praktische Anwendungen ist dies aber kein Nachteil, sondern ganz im Gegenteil absolut erforderlich, weil häufig nur die reduzierten Ergebnisse unmittelbar genutzt werden können.

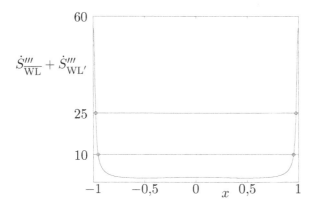

Abbildung 8.5: Verteilung der zeitgemittelten (dimensionslosen) Entropieproduktion im Temperaturfeld zwischen der heißen und der kalten Wand. Die Werte 10 und 25 entsprechen den in Abb. 8.6 gezeigten Werten. Der Wert 60 tritt in dem zeitgemittelten Ergebnis nicht auf, da der höchste zeitgemittelte Wert < 60 ist.

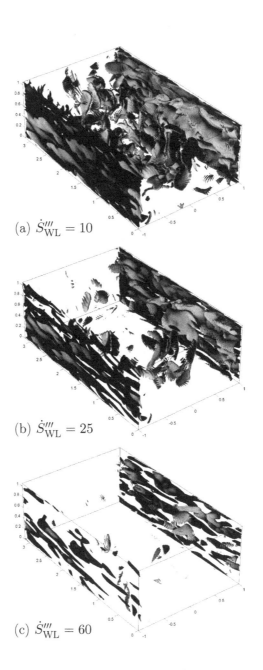

(a) $\dot{S}_{\mathrm{WL}}''' = 10$

(b) $\dot{S}_{\mathrm{WL}}''' = 25$

(c) $\dot{S}_{\mathrm{WL}}''' = 60$

Abbildung 8.6: Verteilung konstanter Werte von $\dot{S}_{\mathrm{WL}}'''$ zu einem bestimmten Zeitpunkt in einer turbulenten Kanalströmung mit $T_{\mathrm{h}} = \mathrm{const}$, $T_{\mathrm{k}} = \mathrm{const}$ und $T_{\mathrm{h}} - T_{\mathrm{k}} > 0$

8.3 Wärmeübertragung mit Phasenwechsel

Während bei der konvektiven Wärmeübertragung im vorherigen Abschnitt 8.2 entweder eine Flüssigkeit oder ein Gas an die Wand grenzt, kommt es bei der Wärmeübertragung mit Phasenwechsel zu einer Zweischichtenstruktur mit einer der beiden Phasen als dünnem, wandnahem Bereich. Abbildung 8.7 zeigt analog zu Abb. 8.2 die Verhältnisse in Wandnähe. Der Phasenwechsel findet jeweils an der Phasengrenzfläche statt, also am äußeren Rand des Dampf- bzw. Flüssigkeitsfilms. Bei diesem Phasenwechsel wird wegen des dabei unterstellten thermodynamischen Zweiphasen-Gleichgewichts Energie gespeichert bzw. freigegeben, ohne dass es bei diesem Vorgang zu Temperaturänderungen kommt, d.h. ohne dass die Energie dabei ihre „Wertigkeit" verändert. Dieser Vorgang ist damit aus thermodynamischer Sicht reversibel, d.h. nicht mit Entropieproduktion verbunden.

In der Realität ist der Gesamtvorgang des Wärmeübergangs mit Phasenwechsel nur deshalb nicht reversibel, also mit einer Entropieproduktion verbunden, weil die Energie von der Wand an die Phasengrenzfläche bzw. von dieser an die Wand gelangen muss. In beiden Fällen (beim Sieden bzw. bei der Kondensation) muss ein dünner Dampf- bzw. Flüssigkeitsfilm mit Hilfe von Wärmeleitung überbrückt werden. Dabei treten Temperaturgradienten auf, die gemäß Gl. (8.1) zu lokalen Entropieproduktionsraten $\dot{S}'''_{\mathrm{WL}}$ und damit insgesamt zu einer Entropieproduktionsrate $\dot{S}_{\mathrm{WL}}$ führen. Je dünner diese Filme sind, umso weniger Entropie wird erzeugt. Im Grenzfall verschwindender Filmdicke liegt deshalb eine reversible Wärmeübertragung vor. Eine solche Grenzsituation liegt prinzipiell zu Beginn des Wärmeübergangs mit Phasenwechsel vor. Da die Filmdicken mit der Zeit anwachsen, nimmt auch die Irreversibilität der Wärmeübertragung mit der Zeit zu. Abb. 8.7 zeigt in diesem Sinne die Situation zu einem bestimmten Zeitpunkt t in einem insgesamt instationären Vorgang.

Wenn es gelingt, den Dampf- bzw. Flüssigkeitsfilm jeweils so zu entfernen, dass stets nur ein dünner Film auftritt, so kann mit dieser Maßnahme die Irreversibi-

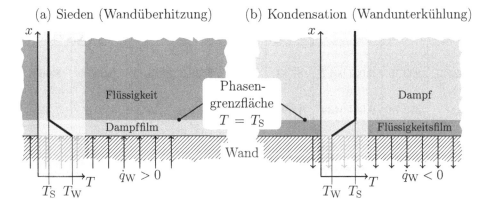

Abbildung 8.7: Wärmeübergang mit Phasenwechsel „an" der Wand

lität der Wärmeübertragung gering gehalten werden. Eine einfache Maßnahme, mit der die Filmdicken begrenzt werden können, ist, die Übertragungsflächen nicht horizontal, sondern schräg oder senkrecht anzuordnen. Durch die Schwerkraftwirkung werden die Filme dann nach oben (Dampffilm) bzw. nach unten (Flüssigkeitsfilm) entfernt und es wird eine insgesamt stationäre Situation mit einem hohen Wert des Wärmeübergangskoeffizienten $\alpha = \dot{q}_W/(T_W - T_S)$ erreicht, weil die Differenz zwischen der Wandtemperatur T_W und der Siedetemperatur T_S klein ist[1].

Dass der eigentliche Phasenwechsel an der Phasengrenzfläche reversibel, also ohne Entropieproduktion abläuft, ist auch an den Entropie- und Enthalpiewerten vor und nach dem Phasenwechsel zu erkennen. Tabelle 8.1 enthält die entsprechenden Werte für Wasser (Ausschnitt aus der *Wasserdampftafel*). Von Bedeutung sind die letzten fünf Spalten mit folgenden Größen:

- h': spezifische Enthalpie der flüssigen Phase im Zweiphasen-Gleichgewicht (siedende Flüssigkeit)

- h'': spezifische Enthalpie der Dampfphase im Zweiphasen-Gleichgewicht (gesättigter Dampf)

- Δh_V: spezifische Verdampfungsenthalpie $\Delta h_V = h'' - h'$

- s': spezifische Entropie der flüssigen Phase im Zweiphasen-Gleichgewicht

- s'': spezifische Entropie der Dampfphase im Zweiphasen-Gleichgewicht

Wie am Beispiel des Siedevorgangs gezeigt wird, gilt nun Folgendes. Um einen Massenstrom $\dot{m}$ an der Phasengrenzfläche zu verdampfen, wird die Energie pro

Tabelle 8.1: Ausschnitt aus der Wasserdampftafel aus GVC (2006)
$\square'$: flüssige Phase; $\square''$: Dampfphase

p	T	v'	v''	h'	h''	Δh_V	s'	s''
bar	K	m³/kg	m³/kg	kJ/kg	kJ/kg	kJ/kg	kJ/kg K	kJ/kg K
⋮								
0,023 37	293,15	0,001 001 7	57,84	83,86	2538,2	2454,3	0,2963	8,6684
⋮								
1,0	372,78	0,001 043 4	1,694	417,51	2675,4	2257,9	1,3027	7,3598
⋮								

---

[1]beachte: Der Wärmeübergangskoeffizient α ist in beiden Fällen (Sieden und Kondensation) positiv, da sowohl $\dot{q}_W$ als auch $(T_W - T_S)$ beim Übergang von einem zum anderen Fall das Vorzeichen wechseln.

Zeit (Leistung) $\dot{m}\Delta h_V$ benötigt. Diese gelangt in Form von Wärme an die Phasengrenze, was einem Wärmestrom $\dot{Q} = \dot{m}\Delta h_V$ entspricht. Mit diesem Wärmestrom $\dot{Q}$ gelangt ein Entropiestrom $\dot{S} = \dot{Q}/T_S$ an die Phasengrenze, wobei T_S die Sättigungstemperatur bei dem aktuell vorliegenden Druck ist. Diese Entropie ist damit in der Dampfphase gegenüber der Flüssigkeitsphase zusätzlich enthalten, so dass gelten muss

$$\dot{S} = \dot{m}(s'' - s') = \frac{\dot{Q}}{T_S} = \frac{\dot{m}\Delta h_V}{T_S} = \frac{\dot{m}(h'' - h')}{T_S} \tag{8.13}$$

Daraus folgt unmittelbar

$$T_S(s'' - s') = h'' - h' \tag{8.14}$$

als Entropiebilanz des reversiblen Vorgangs der Kondensation bzw. des Siedens.

Die Zahlenwerte aus Tab. 8.1 für $p = 1\,\mathrm{bar}$ ergeben für die linke Seite von Gl. (8.14) den Wert $2257,89\,\mathrm{kJ/kg}$ und für die rechte Seite $2257,966\,\mathrm{kJ/kg}$. Die geringfügigen Abweichungen sind auf die nur endlichen Genauigkeiten der vertafelten Werte zurückzuführen.

Beispiel 14: Wärmeübergang mit Phasenwechsel / ein Argument für Dampfkraftwerke

In diesem Beispiel wird gezeigt, welche Rolle die Wärmeübertragung bei der Stromgewinnung in Kraftwerken spielt und was dabei für eine Wärmeübertragung mit Phasenwechsel spricht.

Generell werden in Kraftwerken mit Hilfe eines Arbeitsfluides thermodynamische Kreisprozesse realisiert, für deren Verständnis die Entropie eine entscheidende Rolle spielt. Kreisprozesse eines Arbeitsfluides sind dadurch gekennzeichnet, dass alle Zustandsgrößen (also auch die Entropie) nach einer Periode, z.B. einem Umlauf in einem geschlossenen System, das aus hintereinander geschalteten Teilsystemen besteht, wieder ihren Ausgangswert annehmen. Dabei durchläuft das Arbeitsfluid prinzipiell vier Teilprozesse, die anschließend erläutert werden.

Das Arbeitsfluid kann dabei entweder ein Gas sein (meist Luft) oder eine Flüssigkeit (meist Wasser), die während des Kreisprozesses einen zweifachen Phasenwechsel durchläuft. Es handelt sich dann um Gas- bzw. Dampfkraftwerke. Abbildung 8.8 zeigt für beide Varianten den prinzipiellen Prozessverlauf im T,s-Diagramm anhand der relevanten thermodynamischen Vergleichsprozesse. Dies ist im Fall des Gaskraftwerkes der Joule-Prozess, für ein Dampfkraftwerk gilt der Clausius–Rankine-Prozess[1].

In den Diagrammen sind die vier anschließend erläuterten Teilprozesse gekennzeichnet. Für die weitere Diskussion spielt die thermodynamische Mitteltemperatur T_m der Wärmeübertragung eine entscheidende Rolle.

---

[1]Für die verschiedenen Vergleichsprozesse sowie für Einzelheiten der Kraftwerksprozesse sei z.B. auf Herwig u. Kautz (2007) verwiesen.

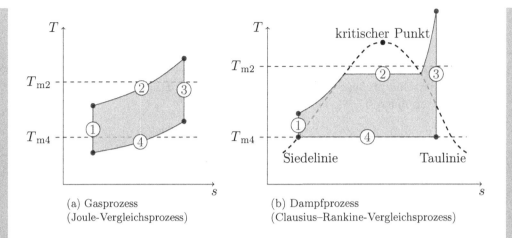

(a) Gasprozess
(Joule-Vergleichsprozess)

(b) Dampfprozess
(Clausius–Rankine-Vergleichsprozess)

Abbildung 8.8: Prinzipieller Prozessverlauf in 4 Teilprozessen

  —(i)— Teilprozess i

  T_{m2}, T_{m4}: thermodynamische Mitteltemperaturen für die Energiezufuhr und Energieabfuhr in Form von Wärme

---

Definition: Thermodynamische Mitteltemperatur

Die thermodynamische Mitteltemperatur T_m ist eine Ersatztemperatur, mit der ein Wärmeübertragungsprozess beschrieben werden kann, bei dem räumlich oder zeitlich veränderliche Temperaturen am Ort der Wärmeübertragung (Systemgrenze) auftreten.

 Sie erfüllt die Bedingung, dass die mit T_m ermittelte Entropieänderung im Zuge der Wärmeübertragung mit derjenigen übereinstimmt, die aufgrund der tatsächlichen Verhältnisse vorliegt.

 Damit gilt

$$T_m = \frac{\dot{Q}}{\dot{S}_Q + \dot{S}_{WL}} \tag{8.15}$$

mit $\dot{Q}$ als insgesamt auftretendem Wärmestrom und $\dot{S}_Q + \dot{S}_{WL}$ als der Entropieänderungsrate, aufgrund dieses Wärmestroms (Übertragung und Produktion von Entropie).

Mit dieser Ersatztemperatur muss der Carnot-Faktor gebildet werden, der als η_C den Exergieanteil eines Wärmestroms beschreibt, s. dazu auch Gl. (6.20). Die vier Einzelprozesse, die in der hier beschriebenen Allgemeinheit für beide Kreisprozess-Typen gelten, sind:

- 1. Teilprozess: Druckerhöhung des Arbeitsfluids durch Energiezufuhr in Form von Arbeit (w_{t1}). Im reversiblen Grenzfall bleibt dabei die Entropie unverändert[1] im realen irreversiblen Fall wird die spezifische Entropie $\Delta_{\text{pro}1}s$ durch Dissipationseffekte erzeugt.

- 2. Teilprozess: Energiezufuhr in Form von Wärme (q_2) auf einem möglichst hohen Temperaturniveau $T_{\text{m}2}$ mit T_{m} als thermodynamischer Mitteltemperatur. Der Exergieanteil der übertragenen Energie beträgt $\eta_{\text{C}2} = 1 - T_{\text{U}}/T_{\text{m}2}$. Bei diesem Prozess wird im reversiblen Grenzfall die spezifische Entropie $\Delta_{\text{trans}2}s$ übertragen. Im realen irreversiblen Fall wird zusätzlich die spezifische Entropie $\Delta_{\text{pro}2}s$ erzeugt.

- 3. Teilprozess: Energieentnahme in Form von Arbeit ($w_{\text{t}3}$). Im reversiblen Grenzfall bleibt dabei die Entropie unverändert, im realen irreversiblen Fall wird die spezifische Entropie $\Delta_{\text{pro}3}s$ durch Dissipationseffekte erzeugt. Im insgesamt reversiblen Kreisprozess kann der Exergieanteil $\eta_{\text{C}2}$ der im 2. Teilprozess übertragenen Energie und die im 1. Teilprozess bei der Druckerhöhung zugeführte Exergie entnommen werden. Im realen, irreversiblen Kreisprozess verringert sich die maximale Exergieentnahme in dem Maße, in dem Exergie durch Dissipation und Irreversibilität bei der Wärmeübertragung vernichtet wird (= Verlust von Arbeitsfähigkeit des Arbeitsfluides).

- 4. Teilprozess: Energieentnahme in Form von Wärme (q_4) auf einem möglichst niedrigen Temperaturniveau $T_{\text{m}4}$. Der Exergieanteil der entnommenen Energie beträgt $\eta_{\text{C}4} = 1 - T_{\text{U}}/T_{\text{m}4}$. Bei diesem Teilprozess wird im reversiblen Grenzfall die spezifische Entropie $\Delta_{\text{trans}4}s$ entnommen. Im realen, irreversiblen Fall wird zusätzlich die spezifische Entropie $\Delta_{\text{pro}4}s$ innerhalb des Systems, erzeugt.

Die Energiebilanz (Leistungsbilanz) des Kreisprozesses lautet

$$|\dot{m}w_{\text{t}3}| = \dot{m}w_{\text{t}1} + \dot{m}q_2 - |\dot{m}q_4| \tag{8.16}$$

Die Zielgröße $|\dot{m}w_{\text{t}3}|$ wird also durch die in Form von Wärme abzuführende Größe $|\dot{m}q_4|$ gemindert. Wie groß $|\dot{m}q_4|$ ist, folgt aus einer Entropiebetrachtung. Mit $|\dot{m}q_4|$ muss sichergestellt werden, dass folgende fundamentale Bedingung an Kreisprozesse erfüllt wird:

Die gesamte im Kreisprozess übertragene und erzeugte Entropie muss mit $|\dot{m}q_4|$ wieder abgeführt werden, damit die Entropie nach einer Periode wieder ihren Ausgangswert annimmt. Die Entropiebilanz lautet:

$$|\dot{m}\Delta_{\text{trans}4}s| = \dot{m}\Delta_{\text{trans}2}s + \sum_{i=1}^{4} \dot{m}\Delta_{\text{pro}i}s \tag{8.17}$$

---

[1]Hier und im späteren 3. Teilprozess werden adiabate Arbeitsprozesse unterstellt (reversibel + adiabat = isentrop ($s = $ const))

Mit dem Zusammenhang $\Delta_{\mathrm{trans}i}s = q_i/T_{\mathrm{m}i}$ folgt daraus

$$|\dot{m}q_4| = T_{\mathrm{m}4} \left(\frac{\dot{m}q_2}{T_{\mathrm{m}2}} + \sum_{i=1}^{4} \dot{m}\Delta_{\mathrm{pro}i}s \right) \qquad (8.18)$$

Diese Beziehung (8.18) lässt erkennen, durch welche drei Maßnahmen $|\dot{m}q_4|$ möglichst klein gehalten werden kann, was dann gemäß Gl. (8.16) bei vorgegebenen Werten von $w_{\mathrm{t}1}$ und q_2 d.h. bei vorgegebener Energieeinspeisung in den Kreisprozess, zu einem möglichst großen $|\dot{m}w_{\mathrm{t}3}|$ führt. Diese Leistung $|\dot{m}w_{\mathrm{t}3}|$ stellt die Zielgröße eines Kraftwerks-Kreisprozesses dar und gibt an, mit welcher mechanischen Leistung der nachgeschaltete elektrische Generator zur Stromerzeugung betrieben werden kann. Die drei Maßnahmen sind:

1. $T_{\mathrm{m}4}$ *möglichst klein*: Die thermodynamische Mitteltemperatur $T_{\mathrm{m}4}$ der Energieentnahme sollte möglichst nah an der Umgebungstemperatur T_{U} liegen. Für $T_{\mathrm{m}4} > T_{\mathrm{U}}$ besitzt der Abwärmestrom $|\dot{m}q_4|$ noch einen Exergieanteil $\eta_{\mathrm{C}4} > 0$, der andernfalls noch in der Zielgröße $|\dot{m}w_{\mathrm{t}3}|$ hätte genutzt werden können.

2. $T_{\mathrm{m}2}$ *möglichst groß*: Die thermodynamische Mitteltemperatur $T_{\mathrm{m}2}$ der Energiezufuhr sollte so hoch wie möglich liegen, weil dann ein hoher Anteil der eingespeisten Energie aus Exergie besteht. Dieser Anteil beträgt $\eta_{\mathrm{C}2} = 1 - T_{\mathrm{U}}/T_{\mathrm{m}2}$ und stellt den theoretisch maximal als mechanische Energie auskoppelbaren Anteil der in den Kreisprozess eingespeisten Energie dar.

3. $\sum_{i=1}^{4} \dot{m}\Delta_{\mathrm{pro}i}s$ *möglichst klein*: Alle Entropieproduktionen in den vier Teilprozessen vernichten Exergie und setzen damit die Arbeitsfähigkeit des Systems herab. In dem Maße, in dem es gelingt, die Entropieproduktion im Kreisprozess zu reduzieren, muss weniger Energie in Form von Wärme aus dem Kreisprozess ausgekoppelt werden um wieder auf den ursprünglichen Wert der Entropie nach einer Prozess-Periode zu gelangen. Bei einem reduzierten Wert von $|\dot{m}q_4|$ wird, wie bereits erläutert, gemäß Gl. (8.16) ein größerer Wert für die eigentliche Zielgröße $|\dot{m}w_{\mathrm{t}3}|$ erreicht.

Die ersten beiden Maßnahmen sind unmittelbar mit der Wärmeübertragung verbunden. Dabei spielt es jetzt eine entscheidende Rolle, ob das Arbeitsmittel als reines Gas vorliegt (Gaskraftwerk; Vergleichsprozess: Joule-Prozess), oder ob Wasser als Arbeitsmittel eingesetzt wird, was dann im Prozessverlauf einen zweifachen Phasenwechsel durchläuft (Dampfkraftwerk; Vergleichsprozess: Clausius–Rankine-Prozess, s. Abb. 8.8). Im ersten Fall sind die beiden im Kreisprozess vorkommenden Wärmeübergänge konvektive Wärmeübergänge, im zweiten Fall aber Wärmeübergänge mit Phasenwechsel.

Wollte man in beiden Fällen dieselbe Leistung $|\dot{m}w_{\mathrm{t}3}|$ erzielen, so müssten dieselben Wärmeströme $\dot{m}q_2$ und $|\dot{m}q_4|$ übertragen werden, wenn für diese Überlegungen von gleichen Verlusten in beiden Anlagentypen ausgegangen wird. Dies ist realitätsfern, für eine Abschätzung der Temperaturverhältnisse aber durchaus sinnvoll.

Für den Vergleich beider Varianten (Gas- bzw. Dampfkraftwerk) kommt es nach den bisherigen Überlegungen darauf an, welche Temperaturen T_{m2} und T_{m4} bei den beiden Arten der Wärmeübertragung auftreten. Dafür wiederum sind zwei Aspekte von Bedeutung:

- Welche Temperaturveränderungen $|T_a - T_e|_2$ und $|T_a - T_e|_4$ (mit den Indizes „a", „e" für den Austritts- bzw. Eintrittszustand) erfahren die Arbeitsfluide als Änderungen der jeweiligen kalorischen Mitteltemperatur im 2. und 4. Teilprozess in Folge der Energiespeicherung (sensibel, d.h. durch Temperaturerhöhung bzw. latent, d.h. durch Phasenwechsel)?

- Welche treibenden Temperaturdifferenzen $|\Delta T|_2$ und $|\Delta T|_4$ als Ausdruck der Irreversibilität des inneren Wärmeübergangs treten in den Prozessen auf? Mit *innerer Wärmeübergang* ist hier gemeint, dass nur der irreversible Wärmeübergang zwischen dem Arbeitsmittel und der jeweiligen Wandbegrenzung (Systemgrenze) betrachtet wird. Der *äußere Wärmeübergang* besteht dann zwischen der Wandbegrenzung und der Umgebung des Systems, in dem das Arbeitsmittel strömt (vgl. Kap. 6.3 und die dort gegebene Definition).

Mit der Änderung der spezifischen Enthalpie Δh und der Verdampfungsenthalpie Δh_V gilt für den 2. Teilprozess (Indizes G und D für Gas- bzw. Dampfprozess)

$$
\begin{aligned}
\dot{m}q_2 &= \dot{m}\,|\Delta h|_2 && \text{(8.19)} \\
&= \dot{m}c_{pG}\,|T_a - T_e|_{G2} && \text{(Gasprozess)} \\
&= \dot{m}\left(c_{pW}\,|T' - T_e|_{D2} + \Delta h_V + c_{pD}\,|T_a - T''|_{D2}\right) && \text{(Dampfprozess)}
\end{aligned}
$$

Beim Gasprozess wird die gesamte übertragene Energie sensibel gespeichert ($\to |T_a - T_e|_{G2}$). Beim Dampfprozess wird zunächst das flüssige Wasser erwärmt ($\to |T' - T_e|_{D2}$), im Phasenwechsel findet eine latente Energiespeicherung statt und anschließend wird der Dampf überhitzt ($\to |T_a - T''|$). Dabei sind $T' = T''$ die Temperaturen im Zweiphasen-Gleichgewicht (bei dem der Phasenwechsel stattfindet).

Für den 4. Teilprozess gilt

$$
\begin{aligned}
|\dot{m}q_4| &= \dot{m}|\Delta h|_4 && \text{(8.20)} \\
&= \dot{m}c_{pG}|T_a - T_e|_{G4} && \text{(Gasprozess)} \\
&= \dot{m}\Delta h_V && \text{(Dampfprozess)}
\end{aligned}
$$

Für eine Abschätzung der Temperaturverhältnisse könnte man nun typische Zahlenwerte einsetzen. Es ist aber viel aufschlussreicher, sich zunächst die Verhältnisse im 4. Teilprozess anzusehen. Aus dem Vergleich der beiden Prozesse folgt unter der getroffenen Annahme, dass die erzielten Leistungen in beiden Fällen gleich groß sind für die Temperaturänderung im Gasprozess

$$|T_\mathrm{a} - T_\mathrm{e}|_{\mathrm{G}4} = \frac{\Delta h_\mathrm{V}}{c_{p\mathrm{G}}} \tag{8.21}$$

Dies ist ein zunächst in zweifacher Hinsicht überraschendes Ergebnis.

- Setzt man in Gl. (8.21) näherungsweise den Wert von Δh_V für Wasser ($\Delta h_\mathrm{V} \approx 2500\,\mathrm{kJ/kg}$) und $c_{p\mathrm{G}}$ für Luft ein ($c_{p\mathrm{G}} \approx 1\,\mathrm{kJ/kgK}$), so ergibt sich ein Wert $|T_\mathrm{a} - T_\mathrm{e}|_{\mathrm{G}4} \approx 2500\,\mathrm{K}$, d.h. der Gasprozess müsste im 4. Teilprozess mit seinem Arbeitsmittel (z.B. Luft) um ca. 2500 K abkühlen. Damit ist es völlig ausgeschlossen, einen Gasprozess mit den gleichen Energieumsätzen wie beim Dampfprozess zu betreiben.

- Ebenso überraschend ist aber auch, dass diese hohe Temperaturdifferenz unabhängig vom Massenstrom vorliegt. Dies suggeriert, dass es sich um ein generelles Problem von Gasprozessen handelt, weil es ja gemäß Gl. (8.21) für jeden Gasprozess auftritt, also auch wenn die Massenströme beliebig groß sind.

Es muss aber beachtet werden, dass Gl. (8.21) unter der Annahme entstanden ist, dass in beiden Alternativen derselbe Massenstrom vorliegt. Wenn aus Gl. (8.20) der Temperaturunterschied im Gas-Teilprozess 4 hergeleitet wird, und unterschiedliche Massenströme $\dot{m}_\mathrm{G}$ und $\dot{m}_\mathrm{D}$ zugelassen werden, ergibt sich

$$|T_\mathrm{a} - T_\mathrm{e}|_{\mathrm{G}4} = \frac{\dot{m}_\mathrm{D}}{\dot{m}_\mathrm{G}} \frac{\Delta h_\mathrm{V}}{c_{p\mathrm{G}}} \tag{8.22}$$

Aber auch mit verändertem Massenstrom können keine vergleichbaren Leistungen in beiden Systemen erzielt werden. Wenn die Temperaturunterschiede im 4. Teilprozess z.B. auf akzeptable 25 K begrenzt werden sollten (weil damit eine niedrige thermodynamische Mitteltemperatur im 4. Teilprozess sichergestellt ist), müsste im Gasprozess ein 100-mal größerer Massenstrom vorhanden sein. Dies ist aus vielerlei Hinsicht nicht möglich. Damit wird schon aus den Überlegungen zum 4. Teilprozess deutlich, dass für sehr hohe Energieumsätze in einem Kraftwerk mit umlaufendem Arbeitsmittel nur der Dampfprozess in Frage kommt, obwohl er mit dem doppelten Phasenwechsel anlagentechnisch erheblich höhere Anforderungen als der reine Gasprozess stellt.

Es soll an dieser Stelle nur angemerkt werden, dass eine genauere Analyse der Vorgänge im 2. Teilprozess sowie Überlegungen zu den treibenden Temperaturdifferenzen $|\Delta T|_2$ und $|\Delta T|_4$ diese Aussage weiter untermauern. Dies im Einzelnen nachzuvollziehen sei dem Leser überlassen (aber auch empfohlen!). Insgesamt sollte damit deutlich geworden sein, dass dem Wärmeübergang mit Phasenwechsel immer dann der Vorzug zu geben ist, wenn hohe Energieumsätze realisiert werden sollen.

Zusätzlich sollte erwähnt werden, dass als weiterer gewichtiger Grund für Dampfprozesse die Energie spricht, die im 1. Teilprozess für die Druckerhöhung aufzubringen ist. Generell gilt

$$\dot{m}w_{t1} = \dot{m}\int v\mathrm{d}p \tag{8.23}$$

Da das spezifische Volumen bei Gasen etwa um den Faktor 10^3 größer ist als dasjenige von Flüssigkeiten, ist bei gleicher Druckerhöhung auch die aufzubringende Leistung zur Druckerhöhung im Gas etwa um diesen Faktor 10^3 größer als in der Flüssigkeit. Dies ist zwar zunächst deshalb unproblematisch, weil die im 1. Teilprozess zur Druckerhöhung eingebrachte Energie vollständig aus Exergie besteht, die prinzipiell im 3. Teilprozess wieder genutzt werden könnte. In der realen Ausführung treten aber auf diesem „Energiepfad" durchaus erhebliche Verluste auf. Auch aus technischen Gründen ist eine Druckerhöhung im Gas nie so hoch, wie sie in einer Flüssigkeit sein kann, was wiederum dazu führt, dass hohe Energieumsätze vorzugsweise mit Dampfkraftwerken realisiert werden. Diesen grundsätzlichen Überlegungen wird auch Rechnung getragen, wenn ein Gasprozess als erster Teilprozess in einem sog. *GuD-Kraftwerk* (kombiniertes Gas- und Dampfkraftwerk) realisiert wird. Dort sind die noch sehr hohen Temperaturen hinter der Turbine in diesem Teilprozess von Nutzen, weil der Abwärmestrom des Gasprozesses nicht ungenutzt an die Umgebung abgegeben wird, sondern für den (ganzen oder teilweisen) Energieeintrag in den zweiten Teilprozess (Dampfprozess) genutzt wird.

8.4 Wärmeübertragung durch Strahlung

Die zuvor beschriebenen drei Arten der Wärmeübertragung, durch reine Wärmeleitung, konvektiv, bzw. mit Phasenwechsel, sind jeweils leitungsbasierte Formen der Wärmeübertragung. Diese erfordern eine kontinuierlich verteilte Materie, in der aufgrund molekularer Wechselwirkungen eine „Nahwirkungswärmeübertragung" besteht. Die Auswirkungen dieser Wechselwirkungen können durch eine einheitliche Modellvorstellung, formuliert in Kontinuumsgleichungen (meist Differentialgleichungen), beschrieben werden, in die gewisse Modellannahmen bzgl. des Stoff- und ggf. auch Strömungsverhaltens einfließen[1]. Die dabei betrachteten thermodynamischen Systeme sind stets massebehaftet, bzw. von endlichen Massen gebildet.

Bei der Wärmeübertragung durch Strahlung, auch *strahlungsbasierte Wärmeübertragung* genannt, liegt eine vollständig andere Situation vor:

- Eine Materie im System ist nicht erforderlich, da molekulare Wechselwirkungen bei der Wärmestrahlung nicht auftreten.

---

[1]Alternativ kann in bestimmten Situationen auch die molekulare Wechselwirkung selbst betrachtet werden, was als *molekulardynamische Simulation* bezeichnet wird.

- Die „Fernwirkungswärmeübertragung" wird stattdessen durch elektromagnetische Felder hervorgerufen.

- Eine vollständige Beschreibung der physikalischen Vorgänge ist nur durch die Kombination von zwei unterschiedlichen Modellvorstellungen möglich, was auch als Teilchen-Wellen-Dualität bezeichnet wird.

- Die in diesem Zusammenhang betrachteten Systeme können massefrei sein. Sie enthalten dann nur die Strahlung, die Energie (aber keine Masse) besitzt. In Anlehnung an die Modellvorstellung eines idealen Gases bei massebehafteten Systemen wird die Modellvorstellung eines *Photonengases* entwickelt, mit dem das massefreie, aber energiebehaftete System beschrieben werden kann.

Insgesamt ist die Physik der strahlungsbasierten Wärmeübertragung äußerst komplex, weshalb es nicht verwundern sollte, dass die theoretische Beschreibung (die stets auf der Basis von mathematisch/physikalischen Modellen erfolgt) bis heute in einigen wichtigen Teilaspekten noch sehr unbefriedigend ist. Dies ist auf einen fundamentalen Unterschied zwischen den prinzipiell gut verstandenen leitungsbasierten Wärmeübertragungssituationen und dem strahlungsbasierten Fall zurückzuführen.

In beiden Fällen wird von einer thermodynamischen Gleichgewichtssituation ausgegangen, die dann erweitert wird, um auch Nicht-Gleichgewichtssituationen behandeln zu können. Im Falle der leitungsbasierten Wärmeübertragung ist die Erweiterung aufgrund des Nahwirkungscharakters offensichtlich: alle Beziehungen gelten momentan und lokal. Die Kontinuität der Verhältnisse ist damit sichergestellt, wenn bestimmte Bedingungen an die Zeitkonstanten des betrachteten Prozesses und der internen Ausgleichsvorgänge erfüllt sind (was nur in wenigen Ausnahmefällen nicht der Fall ist). Wenn der betrachtete Ausschnitt infinitesimal klein gewählt ist, so sind vorkommende Zustandsänderungen auch entsprechend klein und Zustände weichen de facto nirgends vom lokalen Gleichgewicht ab.

Wärmestrahlung besitzt hingegen einen Fernwirkungscharakter und „interagierende Bereiche" sind nicht kontinuierlich miteinander verbunden. Die Erweiterung von Gleichgewichtsbeziehungen auf Nichtgleichgewichtsbeziehungen, in denen dann ein Energietransport stattfindet, ist deshalb sehr viel problematischer.

Bezüglich der hier besonders interessierenden Entropieproduktion ist der Unterschied in beiden Fällen offensichtlich: Entropieproduktion war bisher stets als lokale Größe aufgetreten, die eine unmittelbare Folge von lokalen Gradienten der Zustandsgrößen ist. Wenn statt einer Nahwirkung aber jetzt eine Fernwirkung vorliegt, ist eine einfache Beibehaltung dieses Konzeptes offensichtlich nicht möglich.

Nachfolgend wird zunächst die Modellvorstellung zur Wärmestrahlung erläutert, bevor anschließend auf Überlegungen zur Nutzung der in Form von Strahlung übertragenen Energie eingegangen wird. Dies wird mit Hilfe der zu bestimmenden Exergie der Strahlung geschehen.

8.4.1 Wärmestrahlung und Photonengas

Der Leser ist vermutlich mit der Modellvorstellung des *idealen Gases* vertraut. Es besteht aus volumenlosen (aber massebehafteten) Teilchen, die nicht miteinander in Wechselwirkung treten und Träger von (kinetischer) Energie sind. Die makroskopischen Zustandsgrößen Druck, Dichte und Temperatur, die aus dem Verhalten des idealen Modellgases folgen, sind in vielen Fällen gut zur modellhaften Beschreibung der Realität geeignet.

In Analogie zu diesem *idealen Gas* wird zur Beschreibung von Wärmestrahlung ein *Photonengas* als Modellgas eingeführt.

Definition: Photonengas

Ein Photonengas ist ein Modellgas, das aus Teilchen besteht, die

- kein Volumen und keine Masse besitzen

- Träger von Energie sind

- nicht miteinander in Wechselwirkung treten

Der physikalische Hintergrund für diese Modellvorstellung ist die Beobachtung, dass Energie auf der atomaren Ebene stets in Form diskreter Energiequanten auftritt. Für eine vertiefende Darstellung muss zwangsläufig auf die Literatur verwiesen werden, vorzugsweise auf Kabelac (1994) und Planck (1923). Hier kann nur auf einige wichtige Aspekte eingegangen werden, die sich aus der Modellvorstellung des Photonengases ergeben. Dies sind folgende Punkte.

- Ein Photonengas befindet sich im thermodynamischen Gleichgewicht, wenn es in einen Hohlraum eingeschlossen ist, dessen Wände eine einheitliche und feste Temperatur T besitzen. Die dann vorliegende *Hohlraumstrahlung* besitzt als sog. *Gleichgewichtsstrahlung* die volumenspezifische (bezogen auf das Hohlraum-Volumen) innere Energie u^{H} und die volumenspezifische Entropie s^{H}. Diese lauten[1]:

$$u^{\mathrm{H}}(T) \equiv \frac{U^{\mathrm{H}}(T)}{V} = aT^4 \qquad (8.24)$$

$$s^{\mathrm{H}}(T) \equiv \frac{S^{\mathrm{H}}(T)}{V} = \frac{4}{3}aT^3 \qquad (8.25)$$

- Die innere Energie u^{H} und die Entropie s^{H} sind kontinuierlich auf unterschiedliche Wellenlängen λ verteilt. Dies ist ein Beispiel für die Teilchen-

---

[1]Die nachfolgend auftretende Konstante ist $a = (8\pi^5 k^4)/(15\mathrm{h}^3 c^3)$ mit k: Boltzmann-Konstante ($k = 1{,}381 \times 10^{-23}$ J/K), h: Plancksches Wirkungsquantum (h=6,626 $\times 10^{-34}$ J s), c: Lichtgeschwindigkeit im Vakuum ($c = 299\,792\,458$ m/s)

Wellen-Dualität in der modellhaften Beschreibung der Wärmestrahlung. Die Verteilungen lauten mit $x = [\exp((hc)/(k\lambda T)) - 1]^{-1}$

$$u^H{}_\lambda(\lambda, T) = \frac{8\pi hc}{\lambda^5} x \qquad (8.26)$$

$$s^H{}_\lambda(\lambda, T) = \frac{8\pi k}{\lambda^4} [(1 + x)\ln(1 + x) - x\ln x] \qquad (8.27)$$

Abbildung 8.9 zeigt die Verteilung von $u^H{}_\lambda$ über der Wellenlänge λ. Als schmales Band ist der Bereich des sichtbaren Lichtes eingezeichnet. Die Abbildung zeigt, dass erst bei hohen Temperaturen große Energiedichten vorliegen und dass große Energieanteile im infraroten Bereich liegen ($\lambda > 700\,\mathrm{nm}$).

- Die Hohlraumstrahlung bei der Temperatur T besitzt die maximal mögliche Entropie eines Photonengases dieser Temperatur.

- Als Gleichgewichtsstrahlung ist die Hohlraum-Strahlung grundsätzlich unpolarisiert[1].

- Dem Photonengas kann wie dem idealen Gas ein Druck zugeordnet werden. Dieser *Strahlungsdruck* ist

$$p = \frac{u^H(T)}{3} \qquad (8.28)$$

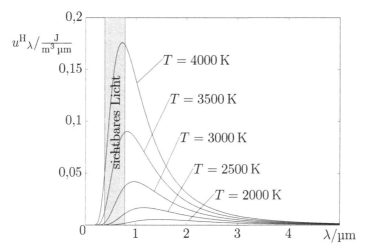

Abbildung 8.9: Gleichgewichts-Energiespektren für verschiedene Hohlraum-Temperaturen; sichtbares Licht für $400\,\mathrm{nm} < \lambda < 700\,\mathrm{nm}$

---

[1]Unter der Polarisation einer Transversalwelle (Schwingungen senkrecht zur Ausbreitungsrichtung) versteht man die Eigenschaft, dass die Wellenschwingungen in bestimmten Ebenen erfolgen. Unpolarisiertes Licht besteht aus einer inkohärenten Überlagerung vieler Einzelwellen, deren Polarisationszustände zufällig verteilt sind.

Dieser Strahlungsdruck ist eine Funktion der Temperatur und bei Umgebungstemperatur extrem klein. Für $T_U = 300\,\text{K}$ z.B. gilt $p = 2 \times 10^{-11}\,\text{bar}$.

- Der Exergieanteil von u^H kann angegeben werden, wenn ein Umgebungszustand festgelegt wird, da sich Exergien stets auf eine Umgebung beziehen. Von praktischer Bedeutung ist nur eine Umgebungsdefinition, die auch in anderen Zusammenhängen benutzt wird (z.B.: $p_U = 1\,\text{bar}$, $T_U = 300\,\text{K}$). Ebenfalls unter praktischen Gesichtspunkten interessiert nur der Fall, dass eine Hohlraum-Strahlung einem materiell im Hohlraum vorhandenen Gas überlagert ist (also zusätzlich berücksichtigt wird). Die Strahlungsexergie ist im Vergleich zur Gasexergie nur dann von Bedeutung, wenn hohe Temperaturen und geringe Gasdichten vorliegen, ansonsten dominiert die Exergie des materiellen Gases.

8.4.2 Wärmestrahlung und Schwarzkörper-Strahlung

Bisher war die Hohlraum-Strahlung als „System Hohlraum" mit innerer Energie und Entropie eingeführt worden. Da ein Gleichgewichtszustand vorliegt, treten dabei keinerlei Transportprozesse auf. Erst solche Transportprozesse beschreiben aber eine Wärmeübertragung durch Strahlung, die der eigentliche Inhalt des Kapitels 8.4 zur Wärmestrahlung ist.

Es gilt also jetzt, Nicht-Gleichgewichtssituationen zu betrachten, d.h. Strahlungsflüsse an offenen Systemen, bei denen Energie in Form von Strahlung ein- und austreten kann. Auch in diesem Zusammenhang können nur wieder eine Reihe wichtiger Aspekte benannt und erläutert werden. Für Herleitungen und weitere Details muss auf die bereits erwähnte Literatur verwiesen werden. Wichtige Punkte sind:

- Es wird davon ausgegangen, dass Wärmestrahlung von der Oberfläche eines Systems ausgeht bzw. die Oberfläche des Systems trifft. Deshalb müssen zunächst die geometrischen Verhältnisse geklärt werden, die diesbezüglich für ein Oberflächenelement dA gelten. Da elektromagnetische Strahlung durch einen gradlinigen Strahlengang (zumindest im Vakuum) gekennzeichnet ist, muss der gesamte Halbraum über dem Flächenelement betrachtet werden. Abb. 8.10 zeigt diesen Halbraum, gekennzeichnet durch eine Halbkugel mit beliebigem Radius über dA. Auf dieser Halbkugel ist ein Oberflächenelement $\text{d}\Omega = \text{d}\vartheta\text{d}\varphi$ eingezeichnet, das ein *Strahlenbündel* festlegt. Dieses besteht aus allen Strahlen, die von dA ausgehen und im Bereich dΩ durch die eingezeichnete Oberfläche treten. Die gesamte Strahlung, die von dA ausgeht (bzw. auf dA auftrifft) ergibt sich damit durch eine Integration über alle Werte $0° \leq \varphi \leq 360°$ und $0° \leq \vartheta \leq 90°$. Ein Oberflächenelement dΩ unter einem Zenitwinkel ϑ „sieht" von dem Flächenelement dA die Projektionsfläche $\text{d}A_p = \cos\vartheta\text{d}A$, die in Abb. 8.10 dunkelgrau markiert ist (und die für $\vartheta = 90°$ zu einem Strich entartet). Auch bei konstanter Strahlungsinten-

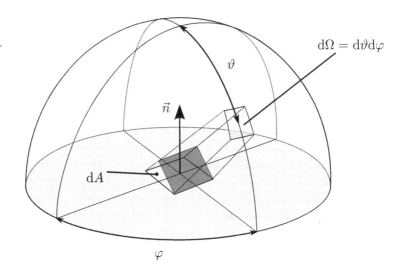

Abbildung 8.10: Strahlenbündel im Halbraum über dem infinitesimalen Flächenelement dA eines Systems im Strahlungsaustausch
ϑ:Zenitwinkel, φ:Azimutalwinkel, Ω: Raumwinkel

sität in alle Raumrichtungen erhält ein gleich großes Oberflächenelement dΩ
deshalb nur eine Strahlungsmenge, die proportional zu cos ϑ ist.

- Wenn die Physik der Hohlraum-Strahlung auch auf die Strahlung an einem offenen System im Nicht-Gleichgewicht (mit einem anderen System
  oder mit der Umgebung) übertragen werden soll, muss ein Zusammenhang
  zwischen den volumenspezifischen Größen u^{H} und s^{H} und den jetzt erforderlichen flächenbezogenen Größen der sog. *Strahlenergiedichte* $\dot{q}_{\mathrm{S}}$ und *Strahl-
  entropiedichte* $\dot{s}_{\mathrm{S}}$ hergestellt werden. Neben der Umrechnung auf andere
  Bezugsgrößen (Volumen $\rightarrow$ Fläche) ist damit die weitreichende Annahme
  verbunden, dass die ermittelten Gleichgewichtsbeziehungen für u^{H} und s^{H}
  entsprechend auch in Nicht-Gleichgewichtssituationen gelten, bei denen ein
  Transport von Energie in Form von Wärmestrahlung stattfindet.

Für die alle Wellenlängen λ und alle Raumwinkel Ω umfassenden Größen $\dot{q}_{\mathrm{S}}$
und $\dot{s}_{\mathrm{S}}$ gilt in diesem Sinne

$$\dot{q}_{\mathrm{S}} = \frac{c}{4\pi} u^{\mathrm{H}} (= \frac{\sigma T^4}{\pi}) \quad ; \quad \dot{s}_{\mathrm{S}} = \frac{c}{4\pi} s^{\mathrm{H}} \left(= \frac{4}{3\pi} \sigma T^3 \right) \qquad (8.29)$$

mit der Lichtgeschwindigkeit im Vakuum c, und der Stefan–Boltzmann Kon-
stanten $\sigma = 5{,}6704 \times 10^{-8}\,\mathrm{W/m^2K^4}$. Als Einheiten treten jetzt auf $[\dot{q}_{\mathrm{S}}] =$
$\mathrm{W/m^2}$ und $[\dot{s}_{\mathrm{S}}] = \mathrm{W/m^2\,K}$.

Mit dieser Übertragung der Physik der Hohlraum-Strahlung auf eine Ober-
flächenstrahlung geht eine Annahme über die Oberflächen-Strahlungseigen-

schaften einher, die die Oberfläche (bzw. den Körper mit dieser Oberfläche) zum sog. *Schwarzen Strahler* werden lässt.

- Der *Schwarze Strahler* zeichnet sich durch folgende Eigenschaften aus, die ihn zu einem theoretischen Grenz- und Vergleichsfall machen (wie dies etwa ein reversibler Prozess in Bezug auf einen realen Prozess ist):

  - Strahlungsverhalten: Der Schwarze Strahler strahlt bei einer Temperatur T dasselbe Spektrum in einen Halbraum (beliebiger Temperatur) wie es in einem Hohlraum bei der Gleichgewichtstemperatur T vorliegt. Die zur Strahlungsenergiestromdichte gehörige Strahlungsentropiestromdichte stellt den maximal möglichen Wert dar (Planck (1923): „Es gibt in der ganzen Natur keinen unregelmäßigeren Vorgang als die Schwingungen der Schwarzen Strahlung"). Aufbauend auf Abb. 8.9 zeigt Abb. 8.11 das Strahlungsverhalten des Schwarzen Strahlers in Form seiner spezifischen (flächenbezogenen), spektralen (pro Wellenlängenelement $d\lambda$) Ausstrahlungsdichte, diesmal in doppeltlogarithmischer Auftragung, für verschiedene Temperaturen des Strahlers.

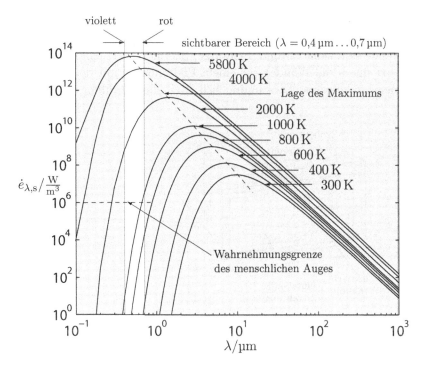

Abbildung 8.11: Spezifische spektrale Ausstrahlungsdichte des Schwarzen Strahlers für verschiedene Strahler-Temperaturen

– Reflexions- und Transmissionsverhalten: Der Schwarze Strahler reflektiert keine Strahlung und lässt keine Strahlung durch die Oberfläche treten. Als Folge davon wird alle auftreffende Strahlung absorbiert.

– Polarisation: Genau wie die Hohlraum-Strahlung ist auch die Schwarzkörper-Strahlung vollständig unpolarisiert. Dies ist einer der Gründe dafür, dass bei dieser Strahlung der Maximalwert der Entropie vorliegt.

Der Schwarze Strahler geht als Modellvorstellung aus der (ebenfalls als Modell anzusehenden) Hohlraum-Strahlung hervor. Ob, und ggf. wie gut in der Realität eine Hohlraum- bzw. Schwarzkörper-Strahlung auftreten kann, wird im Beispiel 15 erörtert.

Beispiel 15: Hohlraum- und Schwarzkörper-Strahlung als Idealisierung realen Strahlungsverhaltens

In diesem Beispiel wird gezeigt, bezüglich welcher Aspekte das Strahlungsverhalten realer Körper von demjenigen eines Schwarzen Strahlers abweicht. Zusätzlich wird erläutert, warum die Sonne in guter Näherung als Schwarzer Strahler behandelt werden kann.

Abbildung 8.12 zeigt eine experimentelle Anordnung, in der ein Hohlraum durch eine Temperierung auf einer bestimmten, konstanten Temperatur gehalten wird. Die Innenwände sind keine idealen (Schwarze) Strahler, trotzdem besteht das System (begrenzt durch die Wände) aus einem Photonengas mit den Eigenschaften des Photonen-Modellgases. Dies ergibt sich, weil die Strahlung permanent auf

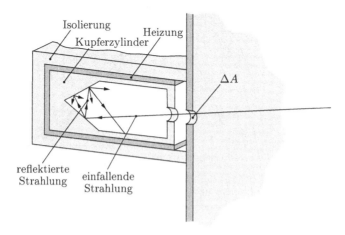

Abbildung 8.12: Anordnung zur Erzeugung von Hohlraumstrahlung der Temperatur T

gegenüberliegende Wände trifft und dort absorbiert und reflektiert wird. Gleichzeitig findet eine Emission statt, die zunächst nicht der Hohlraumverteilung gemäß Abb. 8.9 bzw. 8.11 entspricht. Zusammen mit der reflektierten Strahlung ergänzt sie sich aber zu der Idealverteilung gemäß der zitierten Diagramme. Eine kleine Öffnung ΔA im Hohlraum besitzt bzgl. ihres Querschnittes dann die Eigenschaft eines Schwarzen Strahlers. Aus ihr tritt Strahlung mit einer Ausstrahlungsdichte gemäß Abb. 8.11 (bei der Temperatur der Hohlraumwände) aus. Einfallende Strahlung ist im Hohlraum „gefangen", weil Reflexionen stets Gegenwände treffen, wenn $\Delta A \to 0$ unterstellt wird. Je kleiner die Öffnung ist, umso besser trifft auf die Querschnittsfläche die Eigenschaft der Hohlraum-Modellstrahlung zu.

Die Frage ist nun, ob feste Oberflächen auch wie Schwarze Strahler agieren können, ob es also Schwarze Strahler als reale Körper gibt. Da bei einer „einmaligen Abstrahlung" in den Halbraum die grundsätzliche Ergänzung durch die reflektierte Strahlung fehlt, kommt es jetzt auf die Strahlungseigenschaft der Oberfläche (bzw. der Materialpaarung Oberfläche/angrenzendes Medium) an. Nur in dem Maße, in dem diese ein Strahlungsverhalten gemäß Abb. 8.11 aufweist, handelt es sich um eine mehr oder weniger gute Annäherung an den Modellfall des idealen Schwarzen Strahlers.

Insgesamt muss für eine korrekte Interpretation stets zwischen den Modellen mit theoretisch ableitbarem Verhalten und den realen Körpern mit messbarem Strahlungsverhalten unterschieden werden.

Vielleicht zunächst unerwartet weist die Sonne mit einer Temperatur $T \approx 5800\,\text{K}$ in sehr guter Näherung Strahlungseigenschaften des Schwarzen Strahlers auf, wie Abb. 8.13 zeigt.

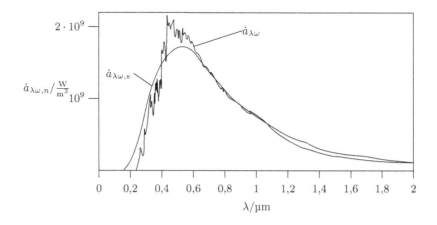

Abbildung 8.13: Spezifische spektrale Einstrahlungsdichte am Rand der Erdatmosphäre der Solarstrahlung ($\dot{a}_{\lambda\omega}$) und einer äquivalenten Schwarzkörperstrahlung ($\dot{a}_{\lambda\omega,\text{s}}$), jeweils senkrecht zur Einstrahlungsfläche; Daten aus Baehr u. Stephan (1996)

Übrigens: Der Name „Schwarzer Strahler" bezieht sich auf die Eigenschaft, dass alle auf ihm einfallende Strahlung absorbiert wird. Er ist damit nicht durch eine Beleuchtung sichtbar zu machen, weil ein vom Körper reflektierter Anteil der Beleuchtung fehlt (durch den der Körper sichtbar würde). Davon unberührt bleibt die Eigenstrahlung des Körpers (Emission). Wenn diese im Wellenlängenbereich des sichtbaren Lichtes liegt (wie bei der Sonne) ist der Schwarze Körper „trotzdem" zu sehen.

8.4.3 Die Exergie der Strahlung

Wenn Energie in Form von Strahlung übertragen wird, so ist (wie bei den anderen Formen der Wärmeübertragung) ein entscheidender Aspekt, wie viel Exergie in der übertragenen Energie vorhanden ist. Um dies zu beantworten, soll eine Vorgehensweise gewählt werden, die sich soweit wie möglich an die entsprechenden Überlegungen der „klassischen Thermodynamik" anlehnt. Dazu gehören Energie- und Entropiebilanzen mit dem Ziel, die maximal erzielbare mechanische Leistung zu ermitteln. Da mechanische Leistung einen reinen Exergiestrom darstellt, kann damit dann auch der Exergiestrom bestimmt werden, der in einem in Form von Wärmestrahlung übertragenen Energiestrom enthalten ist. Die weiteren Ausführungen gehen weitgehend auf die Darstellung in Kabelac (1994) zurück.

Für die nachfolgenden Überlegungen wird von einer stationären Situation ausgegangen, in der ein Energiestrom in Form von Strahlung auf einen *Strahlungsenergiewandler* trifft. Dieser Wandler strahlt seinerseits einen bestimmten Energiestrom ab, der aus seiner Eigenstrahlung und eventuell auftretenden Reflexionsanteilen der einfallenden Strahlung besteht. Abbildung 8.14 zeigt eine Prinzipskizze des Strahlungswandlers mit den auftretenden Energieströmen. Da über

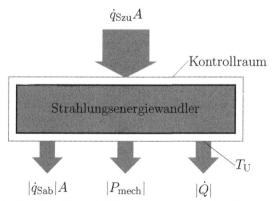

Abbildung 8.14: Prinzipielle Energiebilanz an einem Strahlungsenergiewandler (mit der Strahlungsquelle im Austausch stehendes System)
A: strahlungsaktive Fläche
$\dot{q}_{Szu}$, $\dot{q}_{Sab}$: Zu-, abgehende Strahlungsstromdichte
$\dot{Q}$: Wärmestrom bei $T = T_U$, reine Anergie
P_{mech}: Mechanische Leistung in W, reine Exergie

die mechanische Leistung P_{mech} die gesamte nutzbare Exergie ermittelt werden soll, muss der Wärmestrom $\dot{Q}$ bei T_U übertragen werden. Er enthält dann keinen Exergieanteil, besteht also aus reiner Anergie.

Damit gilt als *Energiebilanz*[1]:

$$|P_{\text{mech}}| + |\dot{Q}| = (\dot{q}_{\text{Szu}} - |\dot{q}_{\text{Sab}}|)A \tag{8.30}$$

mit der zugehörigen *Entropiebilanz*:

$$\frac{|\dot{Q}|}{T_U} = (\dot{s}_{\text{Szu}} - |\dot{s}_{\text{Sab}}| + \dot{s}_{\text{irr}})A \tag{8.31}$$

Wenn $\dot{s}_{\text{irr}}$ hier als Entropieproduktionsdichte mit der Einheit $W/m^2\,K$ eingeführt wird, so wird davon ausgegangen, dass die Entropieproduktion bei der Strahlung ein Vorgang ist, der sich an der bestrahlten Oberfläche abspielt und deshalb als „Entropieproduktion pro Fläche" behandelt werden kann.

Die Kombination von Gl. (8.30) und (8.31) ergibt:

$$|P_{\text{mech}}| = [(\dot{q}_{\text{Szu}} - |\dot{q}_{\text{Sab}}|) - T_U\,(\dot{s}_{\text{Szu}} - |\dot{s}_{\text{Sab}}| + \dot{s}_{\text{irr}})]\,A \tag{8.32}$$

Im reversiblen Grenzfall ($\dot{s}_{\text{irr}} = 0$) gibt $|P_{\text{mech}}|$ an, wie viel Exergie im einfallenden Energiestrom $\dot{q}_{\text{Szu}}A$ enthalten ist. Eine konkrete Angabe liegt allerdings erst dann vor, wenn der abgestrahlte Energiestrom $|\dot{q}_{\text{Sab}}|A$ zahlenmäßig bekannt ist. Da dieser als entscheidenden Anteil die Eigenstrahlung des Strahlungsenergiewandlers enthält, ist $|\dot{q}_{\text{Sab}}|A$ von dessen Strahlungseigenschaften abhängig. Dies macht deutlich, dass eine Wärmeübertragung durch Strahlung stets ein „reziproker Prozess" ist, bei dem es auf die Strahlungsquelle und auch auf die bestrahlte Fläche ankommt. In diesem Sinne kann nicht der Exergieanteil der Strahlung einer bestimmten Strahlungsquelle für sich angegeben werden.

Im Sinne der Frage nach dem maximal nutzbaren Energieanteil einfallender Strahlung wird man nun eine bestrahlte Fläche mit „optimalen Eigenschaften" unterstellen. Dazu gibt es grundsätzlich zwei unterschiedliche Modellvorstellungen, die als SEW–I und SEW–II bezeichnet werden sollen (SEW: Strahlungsenergiewandler) und wie folgt definiert werden:

Definition: SEW–I

Ein Strahlungsenergiewandler–I liegt vor, wenn die vom Wandler ausgehende Strahlung $|\dot{q}_{\text{Sab}}|A$ Schwarzkörper-Strahlung bei der Temperatur T_U ist (T_U: Umgebungstemperatur).

---

[1]Mit der üblichen Vorzeichenregelung zählen zuströmende Energien positiv, abströmende negativ; beachte: jetzt tritt $\dot{q}$ als Energiestromdichte (W/m^2) auf, nicht zu verwechseln mit der spezifischen Energie $(J/kg = W/(kg/s))$.

Definition: SEW–II

Ein Strahlungsenergiewandler–II liegt vor, wenn die auf den Wandler einfallende Strahlung $|\dot{q}_{Szu}|A$ reversibel in innere Energie des Wandlers umgewandelt wird.

Daraus folgen zwei Fälle, in denen die Exergieanteile der Strahlung bestimmt werden können:

Exergie der Strahlung auf einen Körper vom Typ SEW–I

Da bzgl. der Abstrahlung Schwarzkörper-Strahlung bei der Temperatur T_U vorliegt, gilt mit Gl. (8.29) in der Bilanz (8.32) für den reversiblen Fall ($\dot{s}_{irr} = 0$)

$$\frac{|P_{mech}|}{A} = (\dot{q}_{Szu} - T_U \dot{s}_{Szu}) - |\dot{q}_{Sab}|\left(1 - T_U \frac{4}{3}\left(\frac{\sigma}{|\dot{q}_{Sab}|}\right)^{\frac{1}{4}}\right). \tag{8.33}$$

Daraus folgt das Maximum von $|P_{mech}|$ aus der Bedingung

$$\frac{\partial |P_{mech}|}{\partial |\dot{q}_{Sab}|} \overset{!}{=} 0 = \left(-1 + T_U \frac{\sigma^{\frac{1}{4}}}{|\dot{q}_{Sab}|^{\frac{1}{4}}}\right) A \tag{8.34}$$

also für $(|\dot{q}_{Sab}|/\sigma)^{\frac{1}{4}} = T_U$. Daraus folgt $|\dot{q}_{Sab}| = \sigma T_U^{\,4}$, was einer Abstrahlung von Schwarzkörper-Strahlung im Umgebungszustand (d.h. bei T_U) entspricht.

Eingesetzt in Gl. (8.33) folgt für den Exergieanteil $\dot{q}_{Szu}^E$ von $\dot{q}_{Szu}$

$$\dot{q}_{Szu}^E = \frac{|P_{mech}|}{A} = \dot{q}_{Szu} - T_U \dot{s}_{Szu} + \frac{1}{3}\sigma T_U^{\,4} \tag{8.35}$$

so dass mit Gl. (8.29) und T_{zu} als Temperatur des zugeführten Wärmestroms für den energetischen Wirkungsgrad η_I folgt

$$\eta_I = \frac{\dot{q}_{Szu}^E}{\dot{q}_{Szu}} = 1 - \frac{4}{3}\frac{T_U}{T_{zu}} + \frac{1}{3}\frac{T_U^{\,4}}{T_{zu}^4} \tag{8.36}$$

Es tritt jetzt aber die Frage auf, ob die zuvor unterstellte Reversibilität hier tatsächlich vorliegen kann. Wenn die naheliegende Annahme getroffen wird, dass im Strahlungsenergiewandler eine Umwandlung der einfallenden Strahlungsenergie ausschließlich in innere Energie erfolgt (d.h. es gilt dann $|P_{mech}| = 0$), lautet Gl. (8.32) aufgelöst nach $\dot{s}_{irr}$, mit $\dot{q}_{Sab} = \sigma T_U^{\,4}$, $\dot{s}_{Sab} = \frac{4}{3}\sigma T_U^{\,3}$ gemäß Gl. (8.29) jetzt:

$$\dot{s}_{irr} = \frac{1}{3}\sigma T_U^{\,3} + \frac{\dot{q}_{Szu}}{T_U} - \dot{s}_{Szu} \tag{8.37}$$

Je größer der zufließende Entropiestrom ist, umso geringer ist die Entropieproduktionsrate $\dot{s}_{irr}$.

Wenn die einfallende Strahlung Schwarzkörper-Strahlung ist (d.h.: es gilt $\dot{q}_{\text{Szu}} = \sigma T_{\text{zu}}^4$, $\dot{s}_{\text{Szu}} = \frac{4}{3}\sigma T_{\text{zu}}^3$), gilt

$$\dot{s}_{\text{irr}} = \sigma \left[\frac{T_{\text{U}}^3}{3} + \frac{T_{\text{zu}}^4}{T_{\text{U}}} - \frac{4}{3}T_{\text{zu}}^3 \right] \tag{8.38}$$

mit $\dot{s}_{\text{irr}} = 0$ für $T_{\text{zu}} = T_{\text{U}}$. Damit ist die Umwandlung von einfallender Schwarzkörper-Strahlung in einem Strahlungsenergiewandler vom Typ I reversibel, wenn $T_{\text{zu}} = T_{\text{U}}$ gilt. Dies ist damit eine reversible Wärmeübertragung, allerdings bei der Temperaturdifferenz $T_{\text{zu}} - T_{\text{U}} = 0$, ganz ähnlich wie dies auch schon bei der konvektiven Wärmeübertragung (vgl. Gl. (6.5) mit $\alpha = \infty$, d.h. $\Delta T = 0$) und der Wärmeleitung (vgl. Gl. (6.16)) gilt.

Die Entropieproduktionsrate $\dot{s}_{\text{irr}}$ gemäß Gl. (8.38) zeigt einen ähnlichen Verlauf wie die Entropieproduktion bei Wärmeleitung, $\dot{s}_{\text{irr,WL}} = \dot{q}\left[\frac{1}{T_{\text{U}}} - \frac{1}{T_{\text{zu}}}\right]$, wenn dieselbe Wärmestromdichte $\dot{q} = \sigma[T_{\text{zu}}^4 - T_{\text{U}}^4]$ unterstellt wird[1]. Abb. 8.15 zeigt beide Verteilungen für den Fall $T_{\text{U}} = 300\,\text{K}$ und $\dot{q} = 5\,\text{kW/m}^2$.

Eine genauere Analyse zeigt, dass nur Schwarzkörper-Strahlung im Grenzfall $T_{\text{zu}} = T_{\text{U}}$ reversibel in innere Energie umgewandelt werden kann. Einfallende nicht-Schwarzkörper-Strahlung führt bei Körpern vom Typ SEW–I grundsätzlich zu einer Entropieproduktion bei der Umwandlung in innere Energie. Dies ist bei dem anschließend behandelten Körper vom Typ SEW–II nicht der Fall.

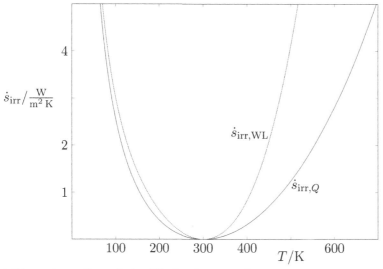

Abbildung 8.15: Spezifische (flächenbezogene) Entropieproduktionsraten bei Wärmestrahlung auf einen Strahlungsenergiewandler vom Typ SEW–I und bei Wärmeleitung für $T_{\text{U}} = 300\,\text{K}$, $\dot{q} = 5\,\text{kW/m}^2$

---

[1]Die analoge Beziehung für die Wärmeleitung folgt aus Gl. (8.7) mit $\dot{s}_{\text{irr,WL}} = \dot{S}_{\text{WL}}/A$ und $\dot{q} = \dot{Q}/A$

Exergie der Strahlung auf einen Körper vom Typ SEW–II

Anders als zuvor beim Strahlungsenergiewandler vom Typ I werden jetzt die Strahlungseigenschaften der Empfängerfläche nicht a priori festgelegt. Sie ergeben sich jetzt aus der Bedingung, dass eine reversible Umwandlung der einfallenden Strahlungsenergie in innere Energie vorliegen soll. Eine solche Umwandlung mit $\dot{s}_{irr} = 0$ ist möglich, wenn auch nur unter sehr speziellen Bedingungen. Um diese zu ermitteln, sind folgende Überlegungen erforderlich.

Aus der Entropiebilanz (8.31) folgt mit $\dot{q} = \dot{Q}/A = \dot{q}_{Szu} - |\dot{q}_{Sab}|$ gemäß Gl. (8.30) mit $|P_{mech}| = 0$ für die Entropieproduktionsrate

$$\dot{s}_{irr} = |\dot{s}_{Sab}| - \dot{s}_{Szu} + \frac{1}{T}(\dot{q}_{Szu} - |\dot{q}_{Sab}|). \tag{8.39}$$

Anders als in Gl. (8.31) ist hier die Temperatur noch nicht festgelegt. Für sie gilt formal

$$T = \frac{\dot{q}_{Szu} - |\dot{q}_{Sab}|}{\dot{s}_{Szu} - |\dot{s}_{Sab}| + \dot{s}_{irr}} \tag{8.40}$$

Im Folgenden wird keine Schwarzkörper-Strahlung unterstellt, so dass eine Strahlung mit dem Energiestrom $\dot{q}_S$ nicht die „Schwarzkörper-Entropie" $\frac{4}{3}\sigma^{\frac{1}{4}}\dot{q}_S^{\frac{3}{4}}$ gemäß Gl. (8.29) besitzt. Stattdessen wird unterstellt, dass

$$\dot{s}_S = x\frac{4}{3}\sigma^{\frac{1}{4}}\dot{q}_S^{\frac{3}{4}} \quad \text{mit} \quad 0 \leq x \leq 1 \tag{8.41}$$

vorliegt. Die Größe x wird *Qualität* des Strahlungsenergiestroms genannt und kann Werte zwischen x = 0 (Laserstrahlung; vollkommen „geordnet") und x = 1 (Schwarzkörper-Strahlung; vollkommen „chaotisch") annehmen.

Mit $\dot{s}_S$ nach Gl. (8.41) ergibt sich eine besondere Temperatur in Gl. (8.40) für folgende Annahmen:

- $\dot{q}_{Szu} - |\dot{q}_{Sab}| \to 0$, d.h. die verbleibende Wärmestromdichte $\dot{q}$, die im Wandler aufgenommen und in innere Energie umgewandelt wird, ist infinitesimal klein. Ein endlicher Wärmestrom $\dot{Q}$ wird dann nur für eine entsprechend große Fläche A übertragen

- x = x_{zu} = x_{ab}; d.h. die Qualität der abgehenden Strahlung entspricht genau derjenige der einfallenden Strahlung (bzgl. der spektralen Verteilung, Raumwinkelverteilung und Polarisationsgrad)

Für diese speziellen Bedingungen ergibt eine Grenzwertbetrachtung von Gl. (8.40) die sog. *Pseudotemperatur*

$$T^* = \frac{1}{x}\left(\frac{\dot{q}_S}{\sigma}\right)^{\frac{1}{4}} \tag{8.42}$$

Für x = 1 ist dies die Schwarzkörper-Temperatur, vgl. Gl. (8.29); für x < 1 nimmt T^* entsprechend größere Werte an.

Interpretiert man diese Temperatur als diejenige des Empfängers, so kann dieser anschließend einen infinitesimal kleinen Energiestrom $\dot{q} = \dot{q}_{\text{Szu}} - |\dot{q}_{\text{Sab}}|$ in eine reversibel arbeitende Wärmekraftmaschine einspeisen, für die ein (Carnot-) Wirkungsgrad

$$\eta = \frac{|P_{\text{mech}}|}{\dot{q}A} = 1 - \frac{T_{\text{U}}}{T^*} \tag{8.43}$$

gilt. Damit ist dann der Wirkungsgrad des (reversibel arbeitenden) Strahlungsenergiewandlers vom Typ SEW–II

$$\eta_{\text{II}} = 1 - \frac{T_{\text{U}}}{T^*}. \tag{8.44}$$

Wenn Schwarzkörper-Strahlung der Temperatur T_{zu} vorliegt, gilt für diesen Wandler

$$\eta_{\text{II}} = 1 - \frac{T_{\text{U}}}{T_{\text{zu}}}. \tag{8.45}$$

Damit ist die reversible Wandlung eines Schwarzkörper-Strahlungsstroms der Umwandlung eines Wärmestroms vollständig analog und besitzt als Wirkungsgrad den Carnot-Faktor.

8.4.4 Ausblick

Der Bereich der Wärmeübertragung in dem Überlegungen zur Entropie auch für praktische Anwendungen am wenigsten herangezogen werden, ist sicherlich der Bereich der Wärmestrahlung. Dies liegt zum einen daran, dass die stets vorhandene Wärmestrahlung oftmals in ihrer Bedeutung für den Gesamtvorgang unterschätzt wird, zum anderen aber auch an den komplexen physikalischen Zusammenhängen, die sich häufig einer anschaulichen Erklärung entziehen.

Es ist aber in Zeiten des steigenden „Energiebewusstseins", in denen energietechnische Prozesse für eine angestrebte Optimierung wirklich verstanden sein müssen, davon auszugehen, dass auch Fragestellungen im Zusammenhang mit der Wärmestrahlung wieder an Aktualität gewinnen werden. Einige Dissertationen aus der letzten Zeit mögen dafür als Beleg gelten, wie z.B. die Arbeiten von Labuhn (2001), Koirala (2004) und Gengenbach (2007).

Teil C

Entropie und die Bewertung und Optimierung von Prozessen

9 Bewertung von komplexen Gesamtprozessen

Im Eingangskapitel zur Themenbegrenzung (Kap. 1) war eine Beschränkung auf *energietechnische Prozesse* bzw. *Strömungsprozesse mit Energieumsatz* vorgenommen worden. In solchen Gesamtprozessen[1] wird stets ein „energetischer Nutzen" und ein „energetischer Aufwand" zu identifizieren sein. Beide Größen können dann anschließend im Sinne eines *Wirkungsgrades* oder eines *Nutzungsgrades* ins Verhältnis gesetzt werden. Dieses Verhältnis kann prinzipiell für die Bewertung von energietechnischen Prozessen herangezogen werden, wobei generell davon auszugehen ist, dass ein möglichst großer Wert dieses Verhältnisses angestrebt wird.

In der Regel wird der Begriff des Wirkungsgrades im Sinne eines *Wirkungsgrades einer Energieumwandlung* verwendet. Wenn zusätzlich Teile der nicht umgewandelten Energie für weitere Aufgaben genutzt werden können, so beschreibt man die damit insgesamt erreichte Nutzung der ursprünglich angesetzten Energie durch einen *Nutzungsgrad*. In diesem Sinne beschreibt der Wirkungsgrad eines Kraftwerkes, wie die Generatorleistung zum eingesetzten Energiestrom im Verhältnis steht. Ein Nutzungsgrad tritt auf, wenn dieses Kraftwerk in einen sog. KWK-Prozess (KWK: Kraft–Wärme-Kopplung) eingebunden ist, bei dem ein Teil der Abwärme des Kraftwerksprozesses z.B. für Heizzwecke genutzt wird. Die weiteren Überlegungen in diesem Kapitel beziehen sich nur noch auf die Wirkungsgrade von energietechnischen Anlagen bzw. Prozessen.

Die hier bisher benutzten Begriffe (Wirkungsgrad, Nutzungsgrad, ...) sind üblich, es besteht aber keine allgemein verbindliche Übereinkunft über die genauere Definition der einzelnen Begriffe. Als Orientierung kann z.B. die VDI-Richtlinie 4661 (VDI (2003)) dienen, die unter dem Titel *Energiekenngrößen - Definitionen, Begriffe, Methodik* versucht, eine einheitliche Begrifflichkeit zu etablieren.

Ein entscheidender Aspekt bei der Wirkungsgrad-Definition ist die Entscheidung, ob generell Energien, oder nur deren Exergieanteile betrachtet werden sollen. Die dabei entstehenden energetischen bzw. exergetischen Wirkungsgrade können für ein und denselben Prozess sehr unterschiedliche Werte annehmen.

---

[1]Der Begriff *Gesamtprozess* wird hier in Abgrenzung zu den Einzelprozessen eingeführt, deren Bewertung im nachfolgenden Kap. 10 behandelt wird.

Definition: Wirkungsgrad der Energieumwandlung

Der Wirkungsgrad einer Energieumwandlung stellt das Verhältnis aus genutzter zu eingesetzter Energie dar (Nutzen / Aufwand). Dabei wird nach einem energetischen und einem exergetischen Wirkungsgrad unterschieden:

- energetischer Wirkungsgrad: $\quad \eta = \dfrac{E_{\text{Nutz}}}{E} = \dfrac{\dot{E}_{\text{Nutz}}}{\dot{E}}$

- exergetischer Wirkungsgrad: $\quad \zeta = \dfrac{E^{\text{E}}_{\text{Nutz}}}{E^{\text{E}}} = \dfrac{\dot{E}^{\text{E}}_{\text{Nutz}}}{\dot{E}^{\text{E}}}$

E:	Energie [J]
$\dot{E}$:	Energiestrom, Leistung [W]
E_{Nutz}:	genutzte Energie [J]
$\dot{E}_{\text{Nutz}}$:	genutzter Energiestrom, genutzte Leistung [W]
E^{E}:	Exergieanteil von E [J]
$\dot{E}^{\text{E}}$:	Exergieanteil von $\dot{E}$ [W]
$E^{\text{E}}_{\text{Nutz}}$:	genutzter Exergieanteil von E^{E} [J]
$\dot{E}^{\text{E}}_{\text{Nutz}}$:	genutzter Exergieanteil von $\dot{E}^{\text{E}}$ [W]
η:	energetischer Wirkungsgrad [—]
ζ:	exergetischer Wirkungsgrad [—]

Dabei ist E eine Energie mit der zugehörigen Leistung $\dot{E}$. Der hochgesetzte Buchstabe $\square^{\text{E}}$ besagt, dass der Exergieanteil der jeweiligen Größe gemeint ist.

Mit der Einführung von Wirkungsgraden und der zahlenmäßigen Bestimmung der jeweiligen Energieverhältnisse werden real existierende Anlagen bewertet. Damit kann prinzipiell die Qualität der technischen Umsetzung des zugrunde liegenden Prozesses beurteilt werden. Dies lässt gleichzeitig erkennen, wie viel Potenzial prinzipiell noch für weitere technische Verbesserungen vorhanden ist. Eine solche Aussage ist jedoch nur möglich, wenn der maximal erreichbare Wert des jeweils betrachteten Wirkungsgrades bekannt ist. Generell gilt:

- der maximale (theoretische) energetische Wirkungsgrad eines Wärmekraftprozesses beträgt $\eta_{\max} = \eta_{\text{C}}\,(T_{\text{m,zu}}, T_{\text{m,ab}}) = 1 - T_{\text{m,ab}}/T_{\text{m,zu}}$ und entspricht damit dem bereits in Gl. (6.20) verwendeten Carnot-Faktor, jetzt gebildet mit den beiden thermodynamischen Mitteltemperaturen (s. dazu die Definition in Beispiel 14) der Wärmezu- und –abfuhr[1]. Mit realistischen Werten von $T_{\text{m,ab}} = 300\,\text{K}$ (Umgebungstemperatur) und $T_{\text{m,zu}} = 900\,\text{K}$ (maximale Betriebstemperatur der Turbinenschaufeln) beträgt η_{C} und damit der maximale energetische Wirkungsgrad η genau 2/3. Dies bedeutet, dass

---

[1]In einer „strengeren" Betrachtung könnte $T_{\text{m,ab}} = T_{\text{U}}$ gesetzt werden. Damit wird dann im angestrebten Idealprozess eine reversible Wärmeübertragung an die Umgebung der Temperatur T_{U} unterstellt.

bei diesen Temperaturverhältnissen 1/3 der (in Form von Wärme) in einen Wärmekraftprozess eingespeisten Energie grundsätzlich nicht in mechanische bzw. elektrische Energie umgewandelt werden kann. Der physikalische Hintergrund dafür ist, dass gemäß Gl. (6.20) der Wärmestrom, mit dem die Energie zugeführt wird, nur zum Anteil η_C aus Exergie besteht. Der Restanteil, $1 - \eta_C$, ist Anergie, die grundsätzlich nicht in mechanische Energie (reine Exergie) umgewandelt werden kann.

- Der maximale theoretische exergetische Wirkungsgrad eines Wärmekraftprozesses beträgt $\zeta_{max} = 1$, da als Aufwand nur der prinzipiell beliebig umwandelbare (Exergie-) Anteil des in Form von Wärme zugeführten Energiestroms gezählt wird. Wie das nachfolgende Beispiel zeigt, gilt eine solche Aussage aber nur dann, wenn der betrachtete Prozess nicht inhärent unvermeidliche Exergieverluste aufweist (wie dies bei der Verbrennung im Kessel einer Wärmekraftanlage der Fall ist).

Beispiel 16: Energetische und exergetische Wirkungsgrade von Wärmekraftanlagen

In diesem Beispiel wird gezeigt, dass mit einer Aufspaltung der Gesamtwirkungsgrade in jeweils drei Teilwirkungsgrade erkennbar wird, warum die Gesamtwirkungsgrade von Wärmekraftanlagen erheblich von dem Idealwert „eins" abweichen.

Häufig ist es sinnvoll, neben der Einführung eines Gesamtwirkungsgrades einer Anlage auch eine Aufspaltung in Teilwirkungsgrade von Anlagenteilen bzw. -komponenten vorzunehmen. Mit diesen Teilwirkungsgraden, deren Produkt wieder den Gesamtwirkungsgrad ergeben, kann derjenige Anlagenteil identifiziert werden, der für die entscheidende Reduktion des jeweiligen Gesamtwirkungsgrades verantwortlich ist.

Am Beispiel einer Wärmekraftanlage wird im Bild 9.1 erläutert, wie die energetischen und exergetischen Wirkungsgrade der Anlagenteile *Kessel (Wärmeerzeuger)*, *Wärmekraftmaschine* und *elektrischer Generator* sinnvoll definiert werden. Das Produkt der einzelnen Verhältnisse ergibt den Wirkungsgrad der Gesamtanlage. In diesem Beispiel wird Primärenergie mit dem Brennstoffmassenstrom $\dot{m}_B$ als $\dot{m}_B H_u$ zugeführt. Dabei ist H_u der spezifische Heizwert; h_B^E ist die spezifische Brennstoffexergie.

Es zeigt sich, dass sowohl der energetische als auch der exergetische Gesamtwirkungsgrad, η_{WKA} und ζ_{WKA}, deutlich kleiner als 1 sind. Die Aufspaltung in die jeweiligen Teilwirkungsgrade lässt erkennen, an welcher Stelle die wesentlichen Beschränkungen liegen, die verhindern, dass η_{WKA} und ζ_{WKA} nahe bei 1 liegen könnten:

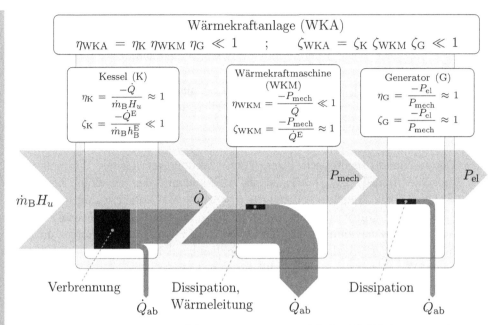

Abbildung 9.1: Energetische (η) und exergetische (ζ) (Teil-) Wirkungsgrade einer
        Wärmekraftanlage
        H_u: spezifischer Heizwert; h_B^E: spezifische Brennstoffexergie
        $\dot{Q}_{ab}$: Abwärmestrom (mit geringem Exergieanteil)
        hellgrau: Exergie; dunkelgrau: Anergie; schwarz: Exergieverlust

- Bei der energetischen Betrachtung zeigt sich, dass η_{WKM} das sonst als thermischer Wirkungsgrad eingeführte Verhältnis

$$\eta_{th} = \frac{-P_{mech}}{\dot{Q}} \tag{9.1}$$

ist, wobei $\dot{Q}$ bei der Temperatur $T_{m,zu}$ übertragen wird. Dieses Verhältnis
ist grundsätzlich durch den Carnot-Faktor $\eta_C = 1 - \frac{T_U}{T_{m,zu}}$ begrenzt. Dieser Faktor stellt den maximal möglichen thermischen Wirkungsgrad einer
Wärmekraftmaschine dar, der Energie in Form von Wärme bei der konstanten (oberen) Temperatur $T_{m,zu}$ zugeführt wird und die einen (exergiefreien)
Abwärmestrom auf dem konstanten Umgebungstemperaturniveau T_U realisiert.

- Bei der exergetischen Betrachtung zeigt sich, dass ζ_K, der exergetische Wirkungsgrad der Wärmeerzeugung im Kessel, wie folgt geschrieben werden
  kann:

$$\zeta_K \equiv \frac{\dot{Q}^E}{\dot{m}_B h_B^E} = \frac{\dot{Q}^E}{\dot{Q}} \frac{\dot{Q}}{\dot{m}_B H_u} \frac{\dot{m}_B H_u}{\dot{m}_B h_B^E} = \eta_C \eta_K \frac{H_u}{h_B^E} \tag{9.2}$$

Da der beschränkende Carnot-Faktor η_C jetzt hier auftritt, ist ζ_K und damit auch ζ_{WKA} auf Werte deutlich unter 1 begrenzt. Dies ist Ausdruck der Tatsache, dass der Verbrennungsprozess im Kessel hochgradig irreversibel verläuft und damit erhebliche Anteile der Exergie vernichtet, die mit dem Brennstoffmassenstrom in den Kessel fließt.

Insgesamt zeigt sich damit, dass in einer Wärmekraftanlage, die technisch optimiert ist,

- die Wärmeerzeugung im Kessel energetisch „gut" aber exergetisch „schlecht" abläuft,

- die Wärmekraftmaschine energetisch „schlecht" aber exergetisch „gut" arbeitet,

- der Generator sowohl energetisch als auch exergetisch „gut" arbeitet.

Im Sinne der Anlagen-Gesamtwirkungsgrade der hintereinander geschalteten Teilprozesse arbeiten Wärmekraftanlagen damit sowohl energetisch als auch exergetisch „schlecht". Dies hat zur Folge, dass je nach konkreter Anlage nur 1/3 bis nicht einmal 2/3 der mit der eingesetzten Primärenergie eingebrachten Exergie in Strom (reine Exergie) umgewandelt werden kann. Als Alternative zum klassischen Kraftwerkskonzept bietet es sich an, nach grundsätzlich weniger verlustbehafteten Formen der Energiewandlung zu suchen (z.B. bestimmte Formen der Brennstoffzelle) oder neben der Exergie auch den Anergieanteil der eingebrachten Primärenergie zu nutzen (z.B. durch die Kraft–Wärme-Kopplung).

10 Bewertung von Einzelprozessen

In energietechnischen Prozessen treten vielfach konvektive Wärmeübergänge auf, wie z.B. im Kessel und im Kondensator einer Dampfkraftanlage. In diesem Zusammenhang möchte man einerseits einen guten Wärmeübergang im Sinne einer hohen Nußelt-Zahl realisieren, um die Übertragungsflächen möglichst klein zu halten, andererseits soll die Entropieproduktion im System aber auch so gering wie möglich sein, weil jedwede Vernichtung von Exergie eine Reduktion des Wirkungsgrades der Gesamtanlage zur Folge hat. Dies ist eine durchaus anspruchsvolle Aufgabe, weil mit Maßnahmen zur Verbesserung des Wärmeübergangs in der Regel auch eine Erhöhung der Strömungsverluste verbunden ist. Man muss also gleichzeitig die Veränderung der Nußelt-Zahl Nu und z.B. einer Rohr- oder Kanalreibungszahl λ_R berücksichtigen. Statt nun Nu und λ_R auf u.U. problematische Weise in eine neue gemeinsame Kennzahl zu überführen, kann die Gesamtentropieproduktion betrachtet werden.

In diesem Sinne wird man Maßnahmen zur Verbesserung des konvektiven Wärmeübergangs darauf hin untersuchen, ob durch diese Maßnahme nicht nur der Wärmeübergang (steigende Nußelt-Zahl Nu) intensiviert wird, sondern gleichzeitig auch die Gesamt-Entropieproduktion zumindest nicht ansteigt, möglichst aber geringer wird.

Eine Maßnahme, die zwar die Nußelt-Zahl erhöht, aber gleichzeitig auch die Gesamt-Entropieproduktion, erkauft den Vorteil einer möglicherweise kompakteren Bauart mit einer Reduktion des Wirkungsgrades der Gesamtanlage. Um in diesem Sinne eine Bewertung von einzelnen Maßnahmen vornehmen zu können, soll eine entsprechende „Bewertungsstrategie" eingeführt werden.

Definition: Entropiebewertung von Maßnahmen zur Verbesserung des konvektiven Wärmeübergangs

---

Die Entropiebewertung eines konvektiven Wärmeübergangs besteht aus der Bestimmung der beiden Anteile
- $\dot{S}_\mathrm{D}$: Entropieproduktionsrate aufgrund von Dissipation im System
- $\dot{S}_\mathrm{WL}$: Entropieproduktionsrate aufgrund von Wärmeleitung im System

und der Bildung der Gesamtentropieproduktionsrate

$$\dot{S} = \dot{S}_\mathrm{D} + \dot{S}_\mathrm{WL} \qquad (10.1)$$

im System. Mit $\dot{S}$ wird der Prozess des konvektiven Wärmeübergangs entropisch bewertet.

Mit Hilfe von $\dot{S}$ können verschiedene Varianten einer vorgesehenen Maßnahme miteinander verglichen werden. Wenn die Gesamtentropieproduktionsrate des betrachteten Teilprozesses von Bedeutung ist, kann die Reduktion von $\dot{S}$ gegenüber einer Ausgangssituation als Verbesserung angesehen und die vorgesehene Maßnahme als vorteilhaft eingestuft werden. Solche Bewertungen sind die Grundlage für eine gezielte Optimierung von Prozessen, was auch als SLA-Analyse bezeichnet werden kann (SLA: second law analysis). In den beiden folgenden Beispielen soll gezeigt werden, wie mit Hilfe der Entropiebewertung entschieden werden kann, ob eine bestimmte Maßnahme von Vorteil ist oder nicht. Weitere Ausführungen zu dieser Art der Prozessbewertung sind in Herwig u. Wenterodt (2011b) und Herwig u. Wenterodt (2011a) zu finden.

Im nachfolgenden Kapitel 11 wird diese Bewertungsstrategie in Optimierungsüberlegungen eingebunden um eine Prozessoptimierung unter Entropiegesichtspunkten zu ermöglichen.

Beispiel 17: Exergetische Bewertung des konvektiven Wärmeübergangs einer turbulenten Rohrströmung

In diesem Beispiel wird gezeigt, dass es für das vorliegende Problem eine optimale Reynolds-Zahl gibt, bei der ein Minimum der Gesamt-Entropieproduktionsrate vorliegt. Das Beispiel geht auf eine ähnliche Ausführung in Bejan (1996) zurück.

In vielen Prozessen tritt als ein Teilaspekt die Wärmeübertragung bei einer turbulenten Rohrströmung auf. Wenn dabei ein bestimmter Massenstrom $\dot{m}$ in (kg/s) und eine bestimmte Übertragungsrate $\dot{Q}'_{\mathrm{W}}$ (als übertragene Energie pro Rohrlänge, also in W/m) festliegt, so kann diese Energieübertragung mit unterschiedlichen Rohrdurchmessern realisiert werden. Führt man die Reynolds-Zahl Re ein, so gilt mit der charakteristischen Geschwindigkeit c (querschnittsgemittelte Geschwindigkeit) und der charakteristischen Länge D (Rohrdurchmesser)

$$\mathrm{Re} \equiv \frac{\varrho c D}{\mu} = \frac{4\dot{m}}{\pi \mu D} \tag{10.2}$$

Der freie Parameter des beschriebenen Problems ist also die Reynolds-Zahl. Tendenziell gilt dabei Folgendes:

- Wählt man einen kleinen Durchmesser D, also eine große Reynolds-Zahl, so werden hohe Geschwindigkeiten c und damit unvorteilhaft große Verluste durch Dissipation auftreten. Hohe Reynolds-Zahlen bewirken aber einen guten Wärmeübergang, was vorteilhaft ist.

- Wählt man einen großen Durchmesser D, also eine kleine Reynolds-Zahl, so treten umgekehrte Verhältnisse auf: Verluste durch Dissipation sind gering, dafür ist aber der Wärmeübergang unvorteilhaft schlecht.

Wenn die konkreten Fälle nun qualitativ bewertet werden sollen, so kann dies mit der Entropiebewertung (10.1) erfolgen. Dafür müssten $\dot{S}_D$ und $\dot{S}_{WL}$ gemäß Gl. (7.1) und (8.2) durch Integration von $\dot{S}_D'''$ und $\dot{S}_{WL}'''$ bestimmt werden. Näherungsweise können für den hier vorliegenden Fall stattdessen empirische Beziehungen für die Rohrreibungszahl λ_R und die Nußelt-Zahl Nu verwendet werden, nachdem λ_R und Nu durch

$$\dot{S}_D' = \frac{32\dot{m}^3\lambda_R}{\pi^2\varrho^2 T_m D^5} \tag{10.3}$$

$$\dot{S}_{WL}' = \frac{\dot{Q}_W'^2}{\pi\lambda T_m^2 \mathrm{Nu}} \tag{10.4}$$

mit den Entropieproduktionsraten pro Länge in Verbindung gebracht worden sind.

Als empirische Beziehungen für λ_R und Nu werden im folgenden benutzt, s. GVC (2006)

$$\lambda_R^{-1/2} = -2\log_{10}\left(2{,}51\mathrm{Re}^{-1}\lambda_R^{-1/2}\right) \tag{10.5}$$

$$\mathrm{Nu} = \frac{(\lambda_R/8)\,(\mathrm{Re}-1000)\,\mathrm{Pr}}{1 + 12{,}7\,(\lambda_R/8)^{1/2}\left(\mathrm{Pr}^{2/3}-1\right)} \tag{10.6}$$

Abbildung 10.1 zeigt $\dot{S}_D'(\mathrm{Re})$, $\dot{S}_{WL}'(\mathrm{Re})$ und $\dot{S}'(\mathrm{Re})$ jeweils bezogen auf den optimalen Wert von $\dot{S}'(\mathrm{Re})$ für bestimmte Werte von $\dot{m}$, $\dot{Q}_W'$ und T_m (s. Bildunterschrift). Dieser optimale Wert ergibt sich aus dem Minimum von $\dot{S}'(\mathrm{Re})$, stellt also den Fall mit der geringsten Gesamt-Entropieproduktionsrate dar.

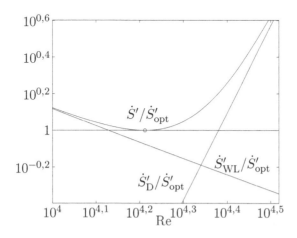

Abbildung 10.1: Entropieproduktionsraten pro Lauflänge in einer turbulenten Rohrströmung mit $\dot{m} = 0{,}05\,\mathrm{kg/s}$, $\dot{Q}_W' = 2093\,\mathrm{W/m}$, $T_m = 293\,\mathrm{K}$ Fluid: Wasser mit $\nu = 10^{-3}\,\mathrm{kg/m\,s}$, $\lambda = 0{,}6\,\mathrm{W/m\,K}$, $c_p = 4{,}2\,\mathrm{kJ/kg\,K}$, $\mathrm{Pr} = 7$

Wenn im konkreten Einsatzfall die Vernichtung von Exergie (Arbeitsfähigkeit) so gering wie möglich sein soll, muss im vorliegenden Fall Re ≈ 16 300 gewählt werden, was wiederum einem bestimmten Durchmesser ($D \approx 3{,}9$ mm) entspricht. Die Zahlenwerte für $\dot{m}$, $\dot{Q}'_{\mathrm{W}}$ und T_{m} können auch deutlich andere Werte sein, das Vorgehen ist aber stets prinzipiell dasselbe.

Beispiel 18: Exergetische Bewertung des konvektiven Wärmeübergangs einer turbulenten Rohrströmung mit Wandrauheit

In diesem Beispiel wird gezeigt, dass es unter dem Gesichtspunkt einer Reduzierung der Gesamt-Entropieproduktionsrate von Vorteil sein kann, raue anstelle von glatten Rohren einzusetzen.

Es wird jetzt dieselbe Situation wie im vorhergehenden Beispiel betrachtet, außer dass zusätzlich Wandrauheit zugelassen wird. Eine solche Wandrauheit hat ähnlich wie wie Veränderung der Reynolds-Zahl einen qualitativ unterschiedlichen Einfluss auf die Rohrreibungszahl und die Nußelt-Zahl. Im Vergleich zu einem glatten Rohr

- steigt die Rohrreibungszahl unvorteilhaft an, wenn Wandrauheit auftritt, weil lokal höhere Dissipationen und damit verstärkte Entropieproduktionsraten $\dot{S}'_{\mathrm{D}}$ auftreten,

- steigt die Nußelt-Zahl vorteilhaft an, weil durch die bessere wandnahe Fluiddurchmischung ein erhöhter Wärmeübergang auftritt, wenn Wandrauheit hinzu kommt. Dadurch nimmt die Entropieproduktionsrate $\dot{S}'_{\mathrm{WL}}$ ab.

Erst eine gemeinsame Betrachtung von $\dot{S}' = \dot{S}'_{\mathrm{D}} + \dot{S}'_{\mathrm{WL}}$ kann Klarheit über die insgesamt auftretende Wirkung von Wandrauheiten geben.

Der Einfluss der Wandrauheit auf die Rohrreibungszahl kann in Erweiterung von Gl. (10.5) wie folgt erfasst werden, s. GVC (2006):

$$\lambda_{\mathrm{R}}{}^{-1/2} = -2\log_{10}\left(2{,}51\mathrm{Re}^{-1}\lambda_{\mathrm{R}}{}^{-1/2} + K_{\mathrm{S}}/3{,}7\right) \qquad (10.7)$$

Dabei ist K_{S} die bereits im Beispiel 10 eingeführte äquivalente Sandrauheit $K_{\mathrm{S}} = k_{\mathrm{S}}/D$.

Die Veränderung der Nußelt-Zahl durch die Wandrauheit ergibt sich indirekt, indem weiterhin Gl. (10.6) benutzt wird, jetzt aber mit der rauheitsbeeinflussten Rohrreibungszahl λ_{R} gemäß Gl. (10.7). Abbildung 10.2 zeigt den Einfluss von K_{S} auf die Verläufe von $\dot{S}'_{\mathrm{D}}(\mathrm{Re})$, $\dot{S}'_{\mathrm{WL}}(\mathrm{Re})$ und $\dot{S}'(\mathrm{Re})$, stets bezogen auf $\dot{S}'_{\mathrm{opt},0}$ aus Bild 10.1, was zur Verdeutlichung jetzt mit dem Index opt,0 gekennzeichnet wird.

Die jeweils sechs Kurven entsprechen in der durch die Pfeile angezeigten Reihenfolge den Werten [0 %;0,1 %;0,3 %;0,8 %;2 %;5 %]. Der niedrigste Wert entspricht der glatten Wand in Abb. 10.1, der höchste Wert stellt eine Situation dar, in der die mittleren Rauheitshöhen 5 % des Rohrdurchmessers ausmachen.

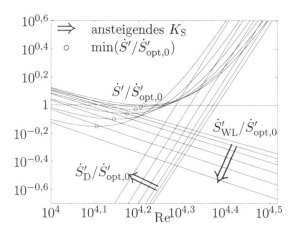

Abbildung 10.2: Entropieproduktionsraten pro Lauflänge in einer turbulenten Rohrströmung mit rauen Wänden; $\dot{m}$, $\dot{Q}'_{\mathrm{W}}$, T_{m}, μ, λ, c_p, Pr wie in Abb. 10.1

Besonders interessant sind die Werte des jeweiligen Minimums von $\dot{S}'/\dot{S}'_{\mathrm{opt},0}$. Offensichtlich wirkt sich die Rauheit insgesamt positiv aus, da das Minimum bei rauen Wänden niedrigere Werte annimmt als bei der glatten Wand.

Abbildung 10.3 zeigt den Abfall dieser Minimumswerte mit steigender Rauheit, einmal bei einem Durchmesser $D_{\mathrm{opt},0}$, der für das glatte Rohr optimal ist und zum anderen für einen stets an die Rauheit angepassten optimalen Durchmesser D_{opt}. Bei einer 5 % Rauheit und einem angepassten optimalen Durchmesser kann gemäß

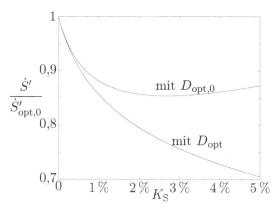

Abbildung 10.3: Minimalwerte von $\dot{S}'$ bezogen auf den Wert $\dot{S}'_{\mathrm{opt},0}$ bei glatter Wand in Abhängigkeit vom Rauheits-Parameter K_{S}

$D_{\mathrm{opt},0}$: optimaler Durchmesser für das glatte Rohr

D_{opt}: optimaler Durchmesser bei dem aktuellen Wert von K_{S}

dieser Berechnung eine Reduktion der Entropieproduktion (=Exergievernichtung) auf nur noch 70 % des Wertes beim glatten Rohr erreicht werden.

Weiterhin zeigt der Verlauf der Kurve des Rohrs mit gleich bleibendem Durchmesser ein Minimum, was bedeutet, dass es umgekehrt möglich ist, für ein bestehendes Rohr vom Durchmesser D eine zugehörige optimale Rauheit zu finden.

11 Optimierung von Prozessen

An mehreren Stellen in den bisherigen Ausführungen war bereits der Begriff der *Optimierung* verwendet worden, um zunächst noch unsystematisch eine jeweils „beste Situation" ins Auge fassen zu können. Dies soll jetzt präzisiert werden, indem der Begriff der Prozessoptimierung definiert wird.

11.1 Definition und Erläuterungen

Mit Bezug auf die in diesem Buch behandelten *energietechnischen Prozesse* bzw. *Strömungsprozesse mit Energieumsatz* wird die Prozessoptimierung wie folgt eingeführt.

Definition: Prozessoptimierung

Bezogen auf Teil- oder Gesamtprozesse beschreibt die *Optimierung* den Vorgang, einer Parametervariation, bei der

- *eine Prozess-Zielgröße*, oder *mehrere Prozess-Zielgrößen*

- unter Einhaltung einer oder mehrerer *Prozess-Bedingungen*

- im Rahmen der zugelassenen Werte für freie *Prozess-Parameter*

den bestmöglichen Wert annimmt.

Diese zunächst allgemein gehaltene Definition enthält die drei entscheidenden Aspekte einer Prozessoptimierung, die jetzt näher erläutert werden sollen.

11.1.1 Prozess-Zielgröße(n)

Entscheidend ist die Festlegung von Prozess-Zielgrößen, auf die sich der Optimierungsvorgang bezieht. Eine Zielgröße kann bei einem Gesamtprozess z.B. der Wirkungsgrad oder der Nutzungsgrad sein. Bei Teilprozessen werden aber oftmals auch speziellere Zielgrößen gesetzt. Dies kann z.B. ein optimaler Wärmeübergang sein. Wenn gleichzeitig auch berücksichtigt werden soll, wie groß der Druckverlust in einem Wärmeübertragungs-Teilprozess ist, liegt eine zweite Zielgröße vor. In diesem Fall wird aber insgesamt eine exergetische Bewertung bzw. Optimierung des Prozesses angestrebt. Dann ist die insgesamt auftretende Entropieproduktion wieder die alleinige Teilprozess-Zielgröße, wie durch Beispiel 17 im vorigen Abschnitt deutlich geworden ist.

Eine weitere Optimierungssituation liegt vor, wenn Strömungsverluste in einem Bauteil minimiert werden sollen. Dann ist ein entsprechender Verlust-Beiwert die Zielgröße, die es zu optimieren, in diesem Fall also zu minimieren gilt. Physikalisch sind Strömungsverluste mit Entropieproduktion verbunden, so dass auch hier eine Minimierung der insgesamt auftretenden Entropieproduktion angestrebt wird. Damit ist die Entropieproduktion in einem Prozess eine mögliche Zielgröße für eine Optimierung, die oftmals als alleinige Zielgröße angesehen werden kann.

Wenn aber mehrere, zunächst voneinander unabhängige Zielgrößen auftreten, müssen diese gleichzeitig im Optimierungsprozess berücksichtigt werden. Dazu gibt es zwei unterschiedliche Möglichkeiten.

Die erste Möglichkeit besteht darin, die unabhängigen Zielgrößen zu einer einzigen kombinierten Zielgröße zusammenzufassen, indem diese z.B. linear kombiniert werden, mit der Möglichkeit noch eine bestimmte Gewichtung zwischen den einzelnen Zielgrößen vorzunehmen. In dieser Kombination liegt aber ein hohes Maß an Willkür, so dass nicht davon ausgegangen werden kann, damit „das wahre Prozessoptimum" zu finden.

Eine zweite Möglichkeit besteht darin, nicht „den" optimalen Prozess bestimmen zu wollen, sondern eine Schar konkurrierender Optima. Diese Vorgehensweise ist mit dem Namen *Pareto*[1] verbunden und führt auf sog. *Pareto-Fronten* als Orte in Parameterdiagrammen, an denen alle Parameterkombinationen liegen, die nach bestimmten Gesichtspunkten optimal sind. Für nähere Einzelheiten sei z.B. auf Deb (2001) verwiesen.

11.1.2 Prozess-Bedingungen

Mit den Prozess-Bedingungen wird festgelegt, was der Prozess leisten soll, dessen Optimierung angestrebt wird. Häufig wird dies die zentrale Größe sein, für die der betrachtete Prozess eingesetzt wird. Beispiele sind ein bestimmter Wärmestrom bei einer Wärmeübertragung oder die Förderung eines bestimmten Massenstroms durch ein strömungsmechanisches Bauteil wie einen Diffusor oder eine Düse. Der festgelegte Wärmestrom soll dabei im Sinne der Prozess-Zielgröße z.B. mit möglichst geringer Entropieproduktion ($\hat{=}$ Exergieverlust) realisiert werden; für die Förderung eines festgelegten Massenstroms durch ein strömungsmechanisches Bauteil kann als Prozess-Zielgröße ein möglichst geringer Gesamtdruckverlust gefordert werden ($\hat{=}$ Exergieverlust).

Zusätzlich zur Einhaltung der entscheidenden Prozess-Bedingung können weitere (Neben-) Bedingungen gestellt werden, wie etwa die Einhaltung bestimmter Temperaturniveaus oder die Vorgabe bestimmter Baugrößen.

11.1.3 Variation der freien Prozess-Parameter

Bezogen auf die veränderbaren Prozess-Parameter muss bekannt sein, in welchen Bereichen diese verändert werden können. Häufig werden dies geometrische Grö-

---

[1] V. Pareto (1848 - 1923): Italienischer Ingenieur, Ökonom und Soziologe

ßen sein, wie z.B. Rohrdurchmesser, Wandabstände, Wandkonturformen oder spezielle Wandrippengeometrien zur Verbesserung eines Wärmeübergangs. Für jeden der ggf. mehreren Parameter liegt dann ein Wertebereich vor, der so normiert werden kann, dass die zulässigen Parametervariationen zwischen 0 und 1 liegen. Das Optimum bezüglich eines freien Parameters kann dann bei 0, bei 1 oder bei einem Wert zwischen 0 und 1 liegen. Die Randwerte 0 bzw. 1 weisen darauf hin, dass eine weitere Verbesserung des Prozesses möglich ist, allerdings nicht mit Parameterwerten aus dem zunächst nur zulässigen Bereich.

11.2 Optimierungsstrategien

Für eine wie immer geartete Optimierung wird eine große Anzahl verschiedener Lösungen (für variierende Prozess-Parameter) benötigt, was in der Regel einen hohen Aufwand bedeutet. Es ist deshalb angebracht, vorab nach einer Strategie zu suchen, die mit möglichst wenigen Einzellösungen zum Ziel führt (Prinzipiell ist dies eine Meta-Optimierungsaufgabe...). Dabei sollte man danach unterscheiden, ob es einen oder mehrere zu variierende Prozess-Parameter gibt und ob der Parameterraum endlich ist oder nicht. Ein endlicher Parameterraum liegt immer dann vor, wenn endliche Grenzwerte (Minimal- und Maximalwerte) für die zu variierenden Parameter vorgegeben sind.

Ausführliche Darstellungen verschiedener Optimierungsstrategien findet man z.B. in Thévenin u. Janiga (2008).

Im Rahmen des vorliegenden Buches sollen zwei verschiedene Strategien vorgestellt und an jeweils einem Beispiel erläutert werden. In beiden Fällen ist der Verlust-Beiwert eines Bauteils die Zielgröße der Optimierung. Dieser ist unmittelbar und physikalisch sehr anschaulich mit der Entropieproduktion in der Strömung durch das Bauteil verbunden.

11.2.1 Optimierung mit bis zu zwei freien Prozess-Parametern

Die Optimierung einer Zielgröße, wenn nur ein Parameter variabel ist, stellt in der Regel kein Problem dar. Abbildung 11.1 zeigt drei denkbare, qualitativ verschiedene Verläufe der Optimierungsfunktion $Z = Z(P)$, wobei das Optimum für den jeweils kleinstmöglichen Wert von Z erreicht sein soll.

- Im Fall der Kurve A liegt das Optimum am Rand des zugelassenen Bereiches für den normierten Parameter P. Die Zielgröße Z würde damit bei einer Ausweitung des Parameterbereiches weiter verbessert werden können.

- Für die Kurve B liegt ein eindeutiges Minimum für $0 < P < 1$ vor, das es zu finden gilt.

- Im Fall der Kurve C gibt es ein absolutes und ein relatives Minimum. Eine Optimierungsstrategie muss sicherstellen, dass das absolute und nicht das relative Minimum als Endergebnis identifiziert wird.

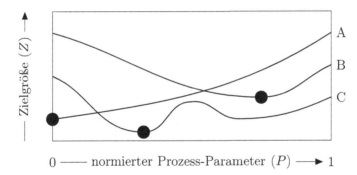

Abbildung 11.1: Typische   Kurvenverläufe   bei   einparametriger   Prozess-
             optimierung; •: Lage des Optimums

Optimierungsstrategien werden in allen drei Fällen aus einer relativ großen Anzahl von Einzellösungen für Parameterwerte $0 \leq P \leq 1$ das optimale Ergebnis
systematisch ermitteln. Zwei Möglichkeiten dafür sind:

- Ermittlung von Lösungen $Z(P)$ für äquidistante Parameterwerte $P = i\Delta P$;
  $i = 0 \dots$ N mit relativ großer Schrittweite $\Delta P = 1/$N. Damit kann das
  P-Intervall bestimmt werden, in dem das Optimum liegen wird. Verfeinerte
  Schrittweiten ΔP in diesem Intervall führen dann u.U. nach nochmaliger Anwendung dieser „Suchstrategie" zu einer hinreichend genauen Identifizierung
  des optimalen Parameters P und damit der gesuchten minimalen Zielfunk-
  tion.

- Ermittlung von Lösungen $Z(P)$ mit Hilfe von sog. *gradientenbasierten Verfahren*. Ausgehend von einem zunächst beliebig gewählten Startwert für P
  werden im Folgenden systematisch nur noch Lösungen für P-Werte gesucht,
  die sich aus der Kenntnis des Gradienten dZ/dP an dieser Stelle ergeben.
  Die Information über diesen Gradienten an der Stelle P kann in guter Näherung aus zwei Lösungen von nahe beieinander liegenden P-Werten gewonnen
  werden.

Die hier beschriebenen Vorgehensweisen können prinzipiell auch noch für Fälle
mit zwei freien Parametern angewandt werden, wie das nachfolgende Beispiel 19
zeigt. Für mehr als zwei freie Parameter muss allerdings eine andere Strategie
gewählt werden. Diese wird im folgenden Abschnitt 11.2.2 erläutert.

Beispiel 19: Optimierung einer Diffusorgeometrie mit zwei freien Parametern

*In diesem Beispiel wird gezeigt, wie eine optimale Diffusorgeometrie bestimmt
werden kann, wenn diese durch einen Polynomansatz für den Konturverlauf bis
auf die Festlegung von zwei Parameterwerten vorgegeben ist.*

Für eine Querschnittserweiterung innerhalb einer Rohrstrecke vom Durchmesser D_1 auf den Durchmesser D_2 soll ein Diffusor mit der Länge L bezüglich des minimalen Gesamtdruckverlustes optimiert werden. Dabei wird festgelegt, dass die Wandkontur durch ein Polynom

$$R(x) = a_4 x^4 + a_3 x^3 + a_2 x^2 + a_1 x + a_0; \quad x \in [0, L] \tag{11.1}$$

mit den Randbedingungen

$$R(0) = \frac{D_1}{2} \quad ; \quad \left. \frac{\mathrm{d}R}{\mathrm{d}x} \right|_0 = 0 \tag{11.2}$$

$$R(L) = \frac{D_2}{2} \quad ; \quad \left. \frac{\mathrm{d}R}{\mathrm{d}x} \right|_L = 0 \tag{11.3}$$

beschrieben wird. Damit verbleibt in Gl. (11.1) ein freier Parameter, der über eine Festlegung des Radius R_m bei $x = L/2$ fixiert wird. Abb. 11.2 zeigt die Anordnung. Im Folgenden werden die zulässigen Parameterbereiche für die Diffusorlänge L und den Parameter R_m wie folgt gewählt:

$$L \in [4D_1; 11{,}6D_1] \quad \rightarrow \quad P_1 = \frac{L - 4D_1}{11{,}6D_1 - 4D_1}; \qquad 0 \le P_1 \le 1 \tag{11.4}$$

$$R_\mathrm{m} \in [0{,}645D_1; 0{,}85D_1] \quad \rightarrow \quad P_2 = \frac{R_\mathrm{m} - 0{,}645D_1}{0{,}85D_1 - 0{,}645D_1}; \quad 0 \le P_2 \le 1 \tag{11.5}$$

Wenn der Gesamtdruckverlust durch einen Verlust-Beiwert ζ analog zu dem Beiwert für den 90°-Krümmer in den Beispielen 9 und 11, vgl. Gl. (7.26), charakterisiert wird, gilt es im Sinne einer Optimierung den kleinsten Wert der Funktion

$$\zeta = \zeta(P_1, P_2) \tag{11.6}$$

zu finden. Dies muss für eine bestimmte Reynolds-Zahl erfolgen, die sich aus dem konkret vorliegenden Massenstrom durch die Rohrstrecke ergibt.

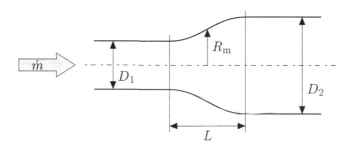

Abbildung 11.2: Diffusor mit zwei freien Geometrie-Parametern L und R_m

Im Folgenden wird ein Durchmesser-Verhältnis $D_2/D_1 = 2$ gewählt und es werden drei verschiedene Reynolds-Zahlen Re $= cD_1/\nu$ betrachtet, und zwar Re $= 2 \times 10^4$, 4×10^4 und 10^5.

Eine detaillierte Analyse der Entropieproduktion im Diffusor und in den Vor- und Nachlaufstrecken auf Basis einer CFD-Simulation liefert die erforderliche Information über die Verluste im Diffusor sowie über die zusätzlichen Verluste in den Vor- und Nachlaufstrecken. Abb. 11.3 zeigt die Verläufe der Entropieproduktion im Bauteilquerschnitt entlang der Strömung für zwei verschieden lange Diffusoren.

Durch Integration solcher Entropieproduktionsverteilungen folgen die gesuchten ζ-Werte in Abb. 11.4 für die Reynolds-Zahl Re $= 4 \times 10^4$. Eine Optimierung kann hier dadurch erfolgen, dass die Fläche ζ über den beiden Parametern L und R_m durch viele Einzellösungen hinreichend genau ermittelt wird. Dann wird der optimale ζ-Wert innerhalb der zulässigen Parameterwerte für L und R_m erkennbar, hier als $\zeta = 0{,}18$ für $L/D_1 = 11{,}6$ und $R_\mathrm{m}/D_1 = 0{,}81$.

Für andere Reynolds-Zahlen ergeben sich ähnliche Verhältnisse, wie Abb. 11.5 zeigt. Dort sind die jeweils optimalen ζ-Werte für eine bestimmte Diffusorlänge aufgetragen. Die insgesamt besten Werte liegen jeweils für die längsten zulässigen Diffusoren vor, derjenige für Re $= 4 \times 10^4$ ist auch in Abb. 11.4 als optimaler Wert zu finden.

Nachdem nun der optimale „Polynom-Diffusor" gefunden ist, bleibt die Frage, ob durch die Vorgabe der Polynom-Wandform eine zu starke Einschränkung vorliegt, bzw. ob sich der Fertigungsaufwand im Vergleich zu einem „einfachen" Diffusor mit geraden Wänden zwischen D_1 und D_2 überhaupt lohnen würde.

Tatsächlich zeigt sich in Abb. 11.6, dass der „einfache Diffusor" mit geraden

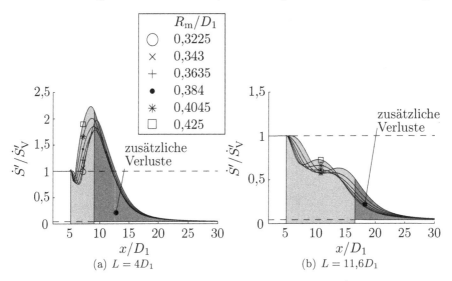

(a) $L = 4D_1$ (b) $L = 11{,}6D_1$

Abbildung 11.3: Entropieproduktion im Bauteilquerschnitt $\dot{S}'$ bezogen auf die des ungestörten Vorlaufs $\dot{S}'_\mathrm{V}$ für einen Diffusor bei Re $= 4 \times 10^4$; Beginn des Diffusors bei $x/D_1 = 5$

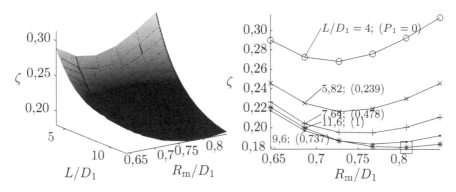

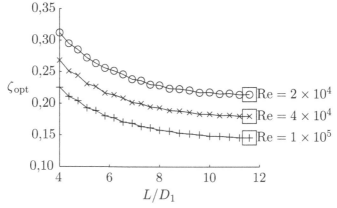

Abbildung 11.4: Verlust-Beiwerte ζ für verschiedene Parameterwerte L und R_{m} $\mathrm{Re} = 4 \times 10^4$; $\square$: optimaler Wert

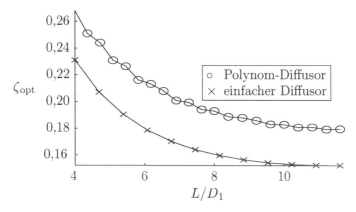

Abbildung 11.5: Optimale ζ-Werte bei vorgegebenen Diffusorlängen für drei verschiedene Reynolds-Zahlen

Abbildung 11.6: Optimale ζ-Werte bei vorgegebenen Diffusorlängen für zwei verschiedene Diffusor-Arten; $\mathrm{Re} = 4 \times 10^4$

Wänden dem zuvor gefundenen optimalen „Polynom-Diffusor" überlegen ist. Für Re $= 4 \times 10^4$ zeigt Abb. 11.6, dass die ζ-Werte des einfachen Diffusors deutlich geringer ausfallen.

Im nachfolgenden Beispiel 20 wird untersucht, ob es möglich ist, die ζ-Werte des „einfachen Diffusors" durch eine Wandkontur-Vorgabe mit mehreren Freiheitsgraden doch noch zu „unterbieten".

Weitere Details zu beiden Beispielen finden sich in Schmandt u. Herwig (2011a).

11.2.2 Optimierung mit mehreren freien Prozess-Parametern

Schon bei mehr als zwei freien Parametern kann das Lösungsfeld nicht mehr durch die Bereitstellung hinreichend vieler Einzellösungen auf die optimale Lösung hin untersucht werden. Eine attraktive Alternative stellen die sog. *genetischen Algorithmen* dar. Diese orientieren sich an der biologischen Strategie der Fortpflanzung und laufen typischerweise nach folgendem Schema ab:

- *Initialschritt*: Erstellen einer Ausgangs-Population
  Es wird zunächst eine *Ausgangs-Population* von zufällig ausgewählten Fällen (biologisch: Individuen) erstellt. Deren Anzahl ist typischerweise doppelt so groß wie die Anzahl von freien Parametern. Die Auswahl der Werte der jeweiligen Prozess-Parameter der einzelnen Fälle (innerhalb der zulässigen Grenzen) sollte durch einen Zufallsgenerator erfolgen. Diese Werte werden als *Genom* der jeweiligen Fälle Individuen bezeichnet.

- *1. Schritt*: Fitness-Skalierung
  Die einzelnen Mitglieder einer Population werden mit einem Fitness-Faktor bewertet, der ein Maß für ihre Qualität (Fitness) darstellt. Dies ist i.d.R. die Prozess-Zielgröße. Anschließend werden diese Zahlenwerte einheitlich so mit einem Faktor multipliziert, dass ihre Summe genau den 360° auf einem Glücksrad entspricht. Die einzelnen Populationsmitglieder füllen dann einen Winkelbereich auf dem Glücksrad aus, der ihrer Wertigkeit innerhalb der Population entspricht.

- *2. Schritt*: Selektionsprozess
  Für die Erstellung einer neuen Population werden folgende Vorbereitungen getroffen:

  - Der beste Fall wird ausgesucht und für die neue Population vorgesehen.

  - Durch zweimalige Anwendung des Glücksrades werden zwei Elternteile ausgesucht, die später einen Nachwuchsfall erzeugen werden, was *crossover* genannt wird. Insgesamt werden auf diese Weise so viele Elternpaare ermittelt, wie es einem sog. *crossover-Faktor* in Bezug auf die Gesamtpopulation entspricht. Dieser Faktor ist typischerweise 1/2 oder etwas größer.

> – Eine verbleibende Anzahl von Fällen an einer neuen Population gleich bleibenden Umfangs wird mit dem Glücksrad aus der bisherigen Population ausgewählt. Diese werden zu *zukünftigen Mutanten* erklärt.

- *3. Schritt*: Erstellen einer neuen Population
Eine Nachfolge-Population entsteht wie folgt:

  > – Übernahme des besten Falles aus der bisherigen Population

  > – Erzeugung von Nachfolgern durch das crossover der zuvor ausgesuchten Elternpaare

  > – Erzeugung von *Mutanten* durch die Veränderung von bestimmten Parameterwerten bei den zuvor ausgesuchten *zukünftigen Mutanten*.

  Durch diese drei Elemente ist dann eine neue Population vom ursprünglichen Umfang entstanden.

- *4. Schritt*: Rücksprung zum 1. Schritt
Mit der neuen Population wird zum 1. Schritt zurückgesprungen und ein neuer Optimierungszyklus gestartet. Diese Prozedur wird solange fortgesetzt, bis ein sinnvoll gewähltes Abbruchkriterium erreicht ist. Dann kann davon ausgegangen werden, dass es zu keiner nennenswerten Verbesserung durch eine weitere Variation der freien Parameter, d.h. durch weitere neue Populationen, kommen würde.

Für Einzelheiten der hier erforderlichen Teilaspekte, wie die Anwendung eines Zufallsgenerators, Auswahl eines Fitness-Faktors, Betätigung des Glücksrades, Erzeugung von Nachfolgern durch crossover, Erzeugung von Mutanten, Einhalten der Prozess-Bedingungen und die Auswahl eines Abbruchkriteriums muss auf die Fachliteratur verwiesen werden, wie z.B. Man u. a. (2001).

Im nachfolgenden Beispiel 20 wird ein Anwendungsfall diesbezüglich genauer erläutert.

Beispiel 20: Optimierung einer Diffusorgeometrie mit mehreren freien Parametern

In diesem Beispiel wird gezeigt, wie eine optimale Diffusorgeometrie bestimmt werden kann, wenn diese durch sechs äquidistante, variabel wählbare Stützstellen festgelegt wird.

Die Problemstellung ist analog zu derjenigen im vorigen Beispiel 19: Es gilt, eine Diffusorkontur mit möglichst geringem Gesamtdruckverlust zu finden, also denjenigen Diffusor zu ermitteln, dessen ζ-Wert am kleinsten ist. Jetzt wird aber keine Vorgabe für die Wandkontur in Form eines Polynoms gemacht, sondern es werden sechs frei wählbare Konturpunkte zugelassen, wie in Abb. 11.7 gezeigt

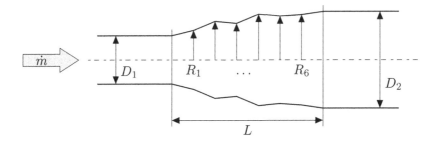

Abbildung 11.7: Diffusor mit sechs freien Geometrie-Parametern $R_{1...6}$

ist (vgl. Abb. 11.2), wobei die Wandkontur in den Simulationen mittels Spline-Interpolation geglättet wird. Zusätzlich wird die Länge L zu $L = 4D_1$ gewählt, was dem kleinsten Wert in Beispiel 19 entspricht. Für die Reynolds-Zahl gilt Re $= 10^5$.

Dieses Problem kann mit Hilfe eines genetischen Algorithmus gelöst werden, wie er zuvor beschrieben worden ist. Im konkret vorliegenden Fall sehen dabei die einzelnen Schritte wie folgt aus:

- *Initialschritt*: Ausgangs-Population
  Für die Ausgangs-Population werden 12 Fälle ausgewählt. Für 11 Fälle geschieht dies mit Hilfe eines Zufallsgenerators (Unterprogramm der verwendeten Optimierungssoftware). Als ein spezieller, zwölfter Fall wird der Diffusor mit geraden Wänden (der „einfache" Diffusor aus Beispiel 19, dort der beste Diffusor) in die Ausgangs-Population aufgenommen.

- *1. Schritt*: Fitness-Skalierung
  Zunächst werden die ζ-Werte für alle 12 „Individuen" durch eine CFD-Simulation der Strömungsfelder und anschließende Berechnung der jeweiligen Entropieproduktionsraten ermittelt. Dies ist der zentrale und mit Abstand rechenzeitintensivste Teil des Algorithmus. Die Individuen werden dann in aufsteigender Reihenfolge indiziert, d.h. der beste Wert erhält den Index $i = 1$, der schlechteste Wert liegt für $i = 12$ vor. Anschließend wird den Individuen eine Auswahlwahrscheinlichkeit für den nachfolgenden Selektionsprozess zugeordnet. Dies geschieht im vorliegenden Beispiel dadurch, dass jedem Individuum ein Winkel

$$\alpha_i = \frac{360°/ \sum_{n=1}^{12} 1/\sqrt{n}}{\sqrt{i}} \tag{11.7}$$

  zugeordnet wird. Damit füllen die 12 Individuen ein gedachtes Glücksrad mit 360° vollständig aus.

- *2. Schritt*: Selektionsprozess
  Zur Vorbereitung der neuen Population

- wird der beste Fall ausgesucht

- werden sechs mal Elternpaare am Glücksrad ermittelt (für crossover)

- werden am Glücksrad fünf zukünftige Mutanten ermittelt

- *3. Schritt*: Neue Population
Die Nachfolge-Population mit wiederum 12 Individuen entsteht durch

  - Übernahme des Falles mit dem niedrigsten ζ-Wert aus der bisherigen Population

  - sechsmaliges crossover der ausgesuchten Elternpaare durch Linearkombination der Parameterwerte beider Elternteile

  - Erzeugung von Mutanten, indem jeder Eintrag eines Genoms (sechs Parameterwerte des betrachteten Individuums) mit einer vorgegebenen Wahrscheinlichkeit (hier: 5 %) durch einen Zufallswert ersetzt wird. Damit werden 0 bis 6 der Einträge ersetzt.

- *4. Schritt*: Rücksprung zum 1. Schritt
Die Optimierungszyklen werden im vorliegenden Beispiel so oft durchlaufen, bis keine erkennbare Verbesserung mehr auftritt. Dies ist nach 70 Zyklen erreicht.

Mit dem beschriebenen Verfahren wird die in Abb. 11.8 gezeigte Diffusorgeometrie als optimaler Konturverlauf ermittelt.

Der Optimierungsverlauf ist in Abb. 11.9 gezeigt, in der die jeweils besten Werte eines Optimierungszyklus dargestellt sind. Dabei sind die sechs Konturwerte $P_1 \ldots P_6$ jeweils durch gerade Strecken verbunden. Zusätzlich ist als siebter Eintrag am rechten Rand der normierte ζ-Wert

$$\hat{\zeta} = \frac{\zeta - \zeta_{\min}}{\zeta_{\max} - \zeta_{\min}} \quad ; \quad 0 \leq \hat{\zeta} \leq 1 \tag{11.8}$$

ebenfalls mit einer geraden Strecke an den zugehörigen Konturverlauf gekoppelt.

Den schlechtesten Wert $\hat{\zeta} = 1$ besitzt der gerade Diffusor, der sich als bester Wert des Initialschrittes ergeben hatte. Der beste Wert $\hat{\zeta} = 0$ gehört zu dem in

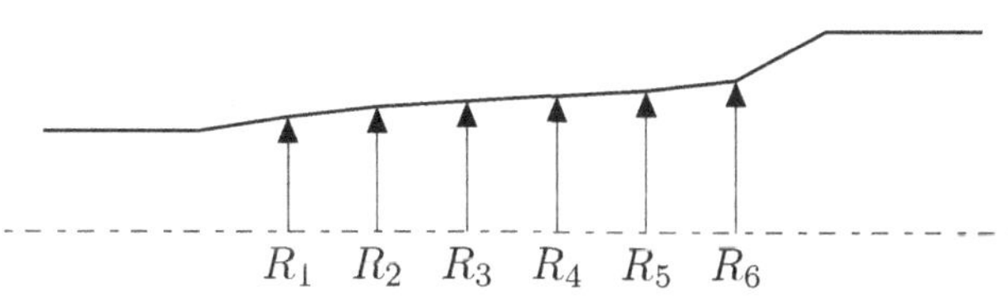

i	P_i
1	0,137 37
2	0,238 96
3	0,294 22
4	0,351 83
5	0,407 42
6	0,509 41

Abbildung 11.8: Optimale Diffusorkontur $\quad P_i = \frac{R_i - D_1/2}{D_2/2 - D_1/2}$

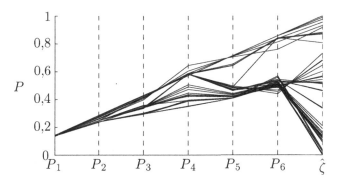

Abbildung 11.9: Optimierungsverlauf

$P_1 \ldots P_6$: Koordinaten der jeweils besten Diffusoren in einem Zyklus

$\hat{\zeta}$: Zugehöriger normierter Verlust-Beiwert

Abb. 11.8 gezeigten optimalen Diffusor. Die konkreten Zahlenwerte für $\zeta_{\min}$ und $\zeta_{\max}$ sind dabei:

$$\zeta_{\min} = 0{,}158 \qquad ; \qquad \zeta_{\max} = 0{,}191$$

Anders als im Beispiel 19 gibt es jetzt einen Diffusor, der deutlich besser ist als der gerade Diffusor. Abb. 11.10a zeigt die Entropieproduktion im Bauteilquerschnitt für den geraden und für den optimalen Diffusor im Vergleich. In Abb. 11.10b sind die Entropieproduktionsraten aufgrund der turbulenten Schwankungsbewegungen, $\dot{S}_{\mathrm{D}'}'''$, in ihrer räumlichen Verteilung für beide Fälle gegenübergestellt. Daran ist zu erkennen, dass im geraden Diffusor deutlich größere Bereiche von hohen $\dot{S}_{\mathrm{D}'}'''$-Werten durch eine starke Turbulenzbewegung vorhanden sind. Weitere Details sind in Schmandt u. Herwig (2011a) zu finden.

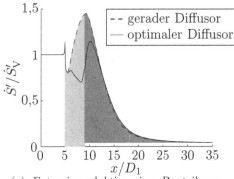

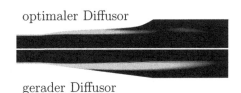

(a) Entropieproduktion im Bauteilquerschnitt $\dot{S}'$ bezogen auf die des ungestörten Vorlaufs $\dot{S}_{\mathrm{V}}'$

(b) Verteilung von $\dot{S}_{\mathrm{D}'}'''$ im Diffusor dunkel: niedriger Wert, hell: hoher Wert

Abbildung 11.10: Gegenüberstellung des geraden und des optimalen Diffusors

Literaturverzeichnis

[Baehr u. Stephan 1996] BAEHR, H.D.; STEPHAN, K.: *Wärme- und Stoffübertragung*. Berlin, Heidelberg, New York: Springer-Verlag, 1996

[Bejan 1996] BEJAN, A.: *Entropy Generation Minimization*. Boca Raton: CRS Press, 1996

[Champagne 1978] CHAMPAGNE, F.H.: The fine-scale structure of the turbulent velocity field. In: *Journal of Fluid Mechanics* 86 (1978), Nr. 1, S. 67–108

[Chen u. a. 2011] CHEN, Q.; ZHU, H.; PAN, N.; GUO, Z.-Y.: An alternative criterion in heat transfer optimization. In: *Proceedings of the Royal Society A* 467 (2011), Nr. 2128, S. 1012–1028

[Churchill u. Usagi 1974] CHURCHILL, S.W.; USAGI, R.: A Standardized Procedure for the Production of Correlations in the Form of a Common Empirical Equation. In: *Industrial & Engineering Chemistry Fundamentals* 13 (1974), S. 39–44

[Deb 2001] DEB, K.: *Multi-objective optimization using evolutionary algorithms*. New York: John Wiley & Sons, 2001 (Wiley-Interscience series in systems and optimization)

[Fröhlich 2006] FRÖHLICH, J.: *Large Eddy Simulation turbulenter Strömungen*. Wiesbaden: Vieweg Verlag, 2006

[Gengenbach 2007] GENGENBACH, J.: *REM-Berechnung und Messung des Emissionsgrades mikrostrukturierter Oberflächen*. Hamburg, Helmut-Schmidt-Universität, Diss., 2007

[Gloss u. a. 2008] GLOSS, D.; DITTMER, J.; HERWIG, H.: A systematic approach to wall roughness effects in laminar channel flows: experiments and modelling. In: *Proceedings of ASME*, 2008 (ICNMM 2008-62147)

[Gloss u. Herwig 2010] GLOSS, D.; HERWIG, H.: Wall roughness effects in laminar flows: An often ignored though significant issue. In: *Experiments in Fluids* 49 (2010), S. 461–470

[Guo u. Chen 2007] GUO, Z.-Y.; CHEN, Q.: Irreversibility and optimization of transfer processes. In: *Proceedings of the 18th International Symposium on Transport Phenomena in Daejeon, Korea*, 2007

[Guo u. a. 2007] GUO, Z.-Y.; ZHUA, H.-Y.; LIANG, X.-G.: Entransy - A physical quantity describing heat transfer ability. In: *International Journal of Heat and Mass Transfer* 50 (2007), Nr. 13–14, S. 2545–2556

[GVC 2006] GVC-VDI-GESELLSCHAFT VERFAHRENSTECHNIK UND CHEMIEIN-GENIEURWESEN (Hrsg.): *VDI-Wärmeatlas.* 10., bearb. u. erw. Aufl. Berlin, 2006

[Hantel u. a. 2003] HANTEL, M.; HAIMBERGER, L. ; HIRTL, M.: On the enstrophy flux vector in an inviscid barotropic fluid. In: *Meteorologische Zeitschrift* 12 (2003), Nr. 3, S. 175–183

[Herwig 2000] HERWIG, H.: Was ist Entropie? Eine Frage - Zehn Antworten. In: *Forschung im Ingenieurwesen* 66 (2000), S. 74–78

[Herwig 2006] HERWIG, H.: *Strömungsmechanik.* 2., neu bearbeitete und erweiterte Auflage. Berlin, Heidelberg: Springer-Verlag, 2006

[Herwig u. Kautz 2007] HERWIG, H.; KAUTZ, C.: *Technische Thermodynamik.* München: Pearson Studium, 2007

[Herwig u. a. 2008] HERWIG, H.; GLOSS, D.; WENTERODT, T.: A new approach to understanding and modelling the influence of wall roughness on friction factors for pipe and channel flows. In: *Journal of Fluid Mechanics* 613 (2008), S. 35–53

[Herwig u. Moschallski 2009] HERWIG, H.; MOSCHALLSKI, A.: *Wärmeübertragung.* 2., überarbeitete und erweiterte Auflage. Wiesbaden: Vieweg+Teubner, 2009

[Herwig 2010] HERWIG, H.: The role of entropy generation in momentum and heat transfer. In: *Proc. Int. Heat Transfer conference.* Washington D.C., August 2010 (paper IHTC14-23348)

[Herwig u. a. 2010a] HERWIG, H.; GLOSS, D.; WENTERODT, T.: Channels with Rough Walls - Old and New Concepts. In: *Heat Transfer Engineering* (2010), Nr. 31, S. 658–665

[Herwig u. a. 2010b] HERWIG, H.; SCHMANDT, B.; UTH, M.-F.: Loss coefficients in laminar flows: Indispensible for the design of microflow systems. In: *Proceedings of ASME*, 2010 (paper ICNMM 2010-30166)

[Herwig u. Wenterodt 2011a] HERWIG, H.; WENTERODT, T.: Heat Transfer and Its Assessment. In: BELMILOUDI, Aziz (Hrsg.): *Heat Transfer - Theoretical Analysis, Experimental Investigations and Industrial Systems.* Rijeka, Kroatien: InTech, 2011, S. 437–452

[Herwig u. Wenterodt 2011b] HERWIG, H.; WENTERODT, T.: Second law analysis of momentum and heat transfer in unit operations. In: *International Journal of Heat and Mass Transfer* 54 (2011), Nr. 7–8, S. 1323–1330

[Hoffmann 1929] HOFFMANN, A.: Der Verlust im 90°-Rohrkrümmer mit gleichbleibendem Kreisquerschnitt. In: *Mitteilungen des Hydraulischen Instituts der TH München* 3 (1929), S. 45–67

[Idelchik 2008] IDELCHIK, I.E.: *Handbook of Hydraulic Resistance*. 4. Auflage. Redding, CT: Begell House, Inc., 2008

[Ito 1960] ITO, H.: Pressure Losses in Smooth Pipe Bends. In: *ASME Journal of Basic Engineering* 82 (1960), S. 131–143

[Kabelac 1994] KABELAC, S.: *Thermodynamik der Strahlung*. Braunschweig, Wiesbaden: Vieweg Verlag, 1994

[Kiš u. Herwig 2011] KIŠ, P.; HERWIG, H.: A Critical Analysis of the Thermodynamic Model for Turbulent Natural and Forced Convection in a Plane Channel Based on DNS Results. In: *International Journal of Computational Fluid Dynamics* (2011)

[Koirala 2004] KOIRALA, L.R.: *FTIR-Spectroscopic Measurement of Directional Spectral Emissivities of Microstructured Surfaces*. Hamburg, Helmut-Schmidt-Universität, Diss., 2004

[Labuhn 2001] LABUHN, D.: *Die Bedeutung der Strahlungsentropie zur thermodynamischen Bilanzierung der Solarenergiewandlung*. Hannover, Leibniz Universität, Diss., 2001

[Mahulikar u. Herwig 2009] MAHULIKAR, S.P.; HERWIG, H.: Exact thermodynamic principles for dynamic order existence and evolution in chaos. In: *Chaos, Solitons & Fractals* 41 (2009), Nr. 4, S. 1939–1948

[Man u. a. 2001] MAN, K.F.; TANG, K.S.; KWONG, S.: *Genetic Algorithms: Concepts and Designs*. Berlin, Heidelberg, New York: Springer-Verlag, 2001

[Miller 1978] MILLER, D.S.: *Internal flow systems*. 2. Auflage. Cranfield, Bedford, England: BHRA, 1978

[Moody 1944] MOODY, L.F.: Friction Factors for Pipe Flow. In: *Transactions ASME* 66 (1944), S. 671–684

[Munson u. a. 2005] MUNSON, B.R.; YOUNG, D.F.; OKIISHI, T.H.: *Fundamentals of Fluid Mechanics*. 5. Auflage. New York: John Wiley & Sons, 2005

[Muschik 2007] MUSCHIK, W.: Why so many "schools" of thermodynamics? In: *Forschung im Ingenieurwesen* 71 (2007), S. 149–161

[Nikuradse 1933] NIKURADSE, J.: Strömungsgesetze in rauhen Rohren. In: *Forschungsheft* Bd. 361. Düsseldorf: VDI-Verlag, 1933, S. 1–22

[Planck 1923] PLANCK, M.: *Vorlesungen über die Theorie der Wärmestrahlung.* 5., abermals umgearbeitete Auflage. Leipzig: Verlag von Johann Ambrosius Barth, 1923

[Pope 2000] POPE, S.B.: *Turbulent Flows.* Cambridge, UK: Cambridge University Press, 2000

[Schiller 1923] SCHILLER, L.: Über den Strömungswiderstand von Rohren verschiedenen Querschnitts- und Rauhigkeitsgrades. In: *ZAMM* 3 (1923), S. 2–13

[Schmandt u. Herwig 2011a] SCHMANDT, B.; HERWIG, H.: Diffusor and Nozzle Design Optimization by Entropy Generation Minimization. In: *Entropy* 7 (2011), Nr. 5, S. 1403–1424

[Schmandt u. Herwig 2011b] SCHMANDT, B.; HERWIG, H.: Internal Flow Losses: A Fresh Look at Old Concepts. In: *Journal of Fluids Engineering* 133 (2011), Nr. 5

[Schrödinger 1944] SCHRÖDINGER, E.: *What is Life?* Cambridge, UK: Cambridge University Press, 1944

[Thévenin u. Janiga 2008] THÉVENIN, D. (Hrsg.); JANIGA, G. (Hrsg.): *Optimization and Computational Fluid Dynamics.* Berlin, Heidelberg, New York: Springer-Verlag, 2008

[VDI 2003] VEREIN DEUTSCHER INGENIEURE (Hrsg.): *VDI 4661 - Energiekenngrößen - Definitionen, Begriffe, Methodik.* 2003

[Yakhot u. Orszag 1986] YAKHOT, V.; ORSZAG, S.A.: Renormalization Group Analysis of Turbulence. I. Basic Theory. In: *Journal of Scientific Computing* 1 (1986), Nr. 1, S. 3–51

Allgemeine Literatur zum 2. Hauptsatz der Thermodynamik

[Atkins 1994] ATKINS, P.W.: *The 2nd Law - Energy, Chaos and Form.* New York: W. H. Freeman, 1994

[Ben-Naim 2008] BEN-NAIM, A.: *Entropy Demystified: The Second Law Reduced to Plain Common Sense.* Singapur: World Scientific, 2008

[Ben-Naim 2010] BEN-NAIM, A.: *Discover Entropy and the Second Law of Thermodynamics: A Playful Way of Discovering a Law of Nature.* Singapur: World Scientific, 2010

[Beretta u. a. 2008] BERETTA, G.P. (Hrsg.); GHONIEM, A. (Hrsg.); HATSOPOULOS, G. (Hrsg.): *Meeting the Entropy Challenge.* American Institute of Physics, 2008 (AIP Conference Proceedings 1033)

[Bridgman 1943] BRIDGMAN, P.W.: *The Nature of Thermodynamics.* Cambridge, Massachusetts, USA: Harvard University Press, 1943

[Dugdale 1996] DUGDALE, J.S.: *Entropy And Its Physical Meaning.* 2. Auflage. Boca Raton: Taylor & Francis, 1996

[Falk u. Ruppel 1976] FALK, G.; RUPPEL, W.: *Energie und Entropie – Eine Einführung in die Thermodynamik.* Berlin, Heidelberg, New York: Springer-Verlag, 1976

[Goldstein u. Goldstein 1993] GOLDSTEIN, M.; GOLDSTEIN, I.F.: *The Refrigerator and the Universe: Understanding the Laws of Energy.* Cambridge, Massachusetts, USA: Harvard University Press, 1993

[Kjelstrup u. a. 2010] KJELSTRUP, S.; BEDEAUX, D.; JOHANNESSEN, E.; GROSS, J.: *Non-equilibrium Thermodynamics for Engineers.* Singapur: World Scientific Publishing Company, 2010

[Thess 2007] THESS, A.: *Das Entropieprinzip - Thermodynamik für Unzufriedene.* München, Wien: Oldenbourg Verlag, 2007

Index

Anergie, 13
äquivalente Sandrauheit, 96, 148
Arbeit, 6
Arbeitsfähigkeit, 14
äußerer Wärmeübergang, 59

Bernoulli-Gleichung, 30
Bewertung von Prozessen, 145
Bilanzgleichung, 23, 28
Boltzmann-Konstante, 9

Carnot-Faktor, 52, 59

Dampfkraftwerk, 115
diatherme Wand, 54, 55, 104
Diffusor, 154
direkte Dissipation, 95
direkte numerische Simulation (DNS),
    88, 109
Dissipation, 39
Dissipationsterm, 29
DNS (direkte numerische Simulati-
    on), 88, 109
Durchströmung, 66

ebener Kanal, 75
effektive Wärmeleitfähigkeit, 110
Energie-Bilanzgleichung, 28
Energieentwertung, 15, 38, 48
Energieformen, 5
Energiespektrum, 86, 88
Enstrophie, 20
Entransie, 19
Entropie, 3, 7
Entropie-Bilanzgleichung, 23
Entropie-Zustandsgleichung, 28
Entropieänderung, 11
Entropiebewertung, 145

Entropieproduktion, 11, 15, 27, 93
Eulersche Betrachtungsweise, 26
Exergie, 13, 130
Exergieanteil, 14, 32
Exergieanteil eines Wärmestroms, 59
Exergieverlust, 15, 37
Exergieverlust-Beiwert, 43, 51, 69

Feinstruktur-Turbulenzmodelle, 93
Filterung, 93
Fouriersche Wärmeleitung, 26, 45

genetischer Algorithmus, 158
Gesamtenthalpie, 28
Gleichgewichts-Thermodynamik, 22
Gleichgewichtsstrahlung, 123
Gouy–Stodola Theorem, 15
Grenzschichtströmung, 42
Grobstruktur-Simulation, 92

Hohlraumstrahlung, 123, 128

idealer Stoff, 48
ideales Fluid, 41
innerer Wärmeübergang, 59
irreversible Wärmeübertragung, 49,
    58, 62

Kanalreibungszahl, 75, 77
Kanalströmung, 74
Kaskadenprozess, 86
Kolmogorov-Länge, 88
Kondensation, 113
konvektive Wärmeübertragung, 105
Kraft–Wärme-Kopplung, 139
Kreisrohr, 76
kritische Reynolds-Zahl, 73, 84
Krümmer, 80, 99
KWK-Prozess, 139

Lagrangesche Betrachtungsweise, 24

Laminare Strömung, 72

Large Eddy Simulation (LES), 92

leitungsbasierte Wärmeübertragung, 103

LES (Large Eddy Simulation), 92

Löwenherz-Innengewinde, 98

Makrozustand, 8

mechanische Teilenergiegleichung, 29, 30

Mikroströmungen, 73

Mikrozustand, 8

Moody-Diagramm, 72, 79, 97

Navier–Stokes-Gleichungen, 39, 90

Negentropie, 19

Newtonsches Fluidverhalten, 25

Nicht-Gleichgewichts-Thermodynamik, 22

Nutzarbeit, 33

Nutzungsgrad, 139

Nußelt-Zahl, 50

Optimierungsstrategie, 153

ORC (Organischer Rankine Prozess), 53

Ordnungszustand, 8

Pareto-Front, 152

periodische Randbedingungen, 110

Phase, 21

Phasen-Thermodynamik, 22

Phasenwechsel, 113, 115

Photonengas, 123

Poiseuille-Zahl, 78

Polarisation, 128

Postprocessing-Größe, 23

Potenzialströmung, 41

Prozess-Bedingungen, 152

Prozess-Zielgröße, 151

Prozessgröße, 5

Prozessoptimierung, 151

Quasi-Gleichgewichts-Thermodynamik, 22

quasistatische Zustandsänderung, 23

RANS, 89

Rauheit, 98

reversible Wärmeübertragung, 46, 61

Reynolds-Spannungs-Modelle, 92

Reynolds-Zahl, 68, 73

Rohrreibungszahl, 147

Rohrströmung, 96, 146, 148

Sandrauheit, 96

scheinbare Viskosität, 92

schleichende Strömung, 73

Schließungsproblem, 90

Schwarzer Strahler, 127

Schwarzkörper-Strahlung, 125, 128

sensible Wärmespeicherung, 106

sichtbares Licht, 124

Sieden, 113

Solarstrahlung, 129

Strahlung, 121

strahlungsbasierte Wärmeübertragung, 103, 121

Strahlungsdruck, 125

Strahlungsenergiewandler, 130, 131

Stromröhren-Theorie, 30

strömungsmechanisch ideale Fluide, 41

substantielle Ableitung, 24

Temperaturleitfähigkeit, 108

thermische Teilenergiegleichung, 29, 31

thermodynamische Mitteltemperatur, 116

thermodynamische Umgebung, 13

treibende Temperaturdifferenz, 47

Trennwand, 54

turbulente Dissipation, 95

turbulente Kanalströmung, 112

turbulente Rohrströmung, 146, 148

turbulente Strömung, 84

turbulenter Spannungstensor, 90

Turbulenzmodellierung, 89, 91

Turbulenzproduktion, 86

Umströmung, 69

Verlust-Beiwert, 42, 65
Verluste
    allgemein, 37
    Strömung, 39, 65
    Wärmeübertragung, 45, 103
viskoser Spannungstensor, 24, 40
Viskosität, 25

Wandrauheit, 68, 148
Wandüberhitzung, 113
Wandunterkühlung, 113
Wärme, 5, 16
Wärmekraftanlage, 141
Wärmeleitfähigkeit, 26
Wärmestrahlung, 123
wärmetechnisch ideale Stoffe, 48
Wärmeübergangskoeffizient, 47, 50
Wärmeübertragung, 45, 103
Wasserdampftafel, 114
Wellenlänge, 123
Wellenzahl, 88
Widerstands-Beiwert, 65, 69
Wirbelviskosität, 91
Wirbelviskositäts-Modelle, 91
Wirkungsgrad, 139–141

zeitlicher Mittelwert, 84
Zielgröße, 151
Zustandsgröße, 5